幸福的方法

HAPPIER

LEARN THE SECRETS
TO DAILY JOY AND LASTING FULFILLMENT

[美]
泰勒·本-沙哈尔
(Tal Ben-Shahar)
著

汪冰 刘骏杰 倪子君
译

中信出版集团 | 北京

图书在版编目（CIP）数据

幸福的方法 / (美) 泰勒 · 本 - 沙哈尔著 ; 汪冰 , 刘骏杰 , 倪子君译 . -- 2 版 . -- 北京 : 中信出版社 , 2022.3（2025.11 重印）

书名原文 : Happier: Learn the Secrets to Daily Joy and Lasting Fulfillment

ISBN 978-7-5217-3938-1

Ⅰ . ①幸… Ⅱ . ①泰… ②汪… ③刘… ④倪… Ⅲ . ①人格心理学－通俗读物 Ⅳ . ① B848-49

中国版本图书馆 CIP 数据核字 (2022) 第 023222 号

幸福的方法
著者：［美］泰勒 · 本 – 沙哈尔
译者：汪　冰　刘骏杰　倪子君
出版发行：中信出版集团股份有限公司
（北京市朝阳区东三环北路 27 号嘉铭中心　邮编　100020）
承印者：北京盛通印刷股份有限公司

开本：880mm×1230mm 1/32　印张：6.75　字数：127 千字
版次：2022 年 3 月第 2 版　印次：2025 年 11 月第 16 次印刷
京权图字：01–2013–2009　书号：ISBN 978–7–5217–3938–1
定价：56.00 元

服务热线：400–600–8099
投稿邮箱：author@citicpub.com

目 录

前 言

获得幸福，

是所有人的生活目标，这让我们殊途同归。

——安妮·弗兰克

2002 年，我第一次在哈佛大学教授积极心理学课程。当时有 8 名学生选修，中途两人退出。在每一周的课堂上，我们都始终探索一个问题，我相信这是所有问题中的终极问题：如何才能帮助自己并帮助他人（包括个人、社区以及社会）变得更加幸福？我们尝试了很多方法，比如分享个人经历、体验快乐和失败等。经过一年的探索，我们终于更清晰地了解到利用心理学获得幸福而充实的生活的秘诀。

在接下来的一年中，经过口口相传，越来越多的人知道了这门课程。我的老师菲利普·斯通（Philip Stone）是哈佛大学第一位积极心理学教授，也是引领我进入这一领域的导师，他建议我为该课程做一次介绍性讲座。结果，那年选修这门课程的学生达到了 380 人。在年终课程评估时，超过 20% 的学生反馈这门课程提升了他们的生活质量。因此，在接下来的一个学期，855 名学生选了这门课，这让积极心理学成为哈佛大学听课人数最多的课程。

美国“心理学之父”威廉·詹姆斯（William James）的思想始终提醒我：坚持实用性，去挖掘“真理的真实价值”。我在向学生们阐释真实价值时，认为它并不是指金钱或某方面的成功与名望，而是“终极财富”，也是所有目标的终点站——幸福。

积极心理学不仅仅是一门关于“美好生活”的理论课程。学生除了阅读和理论研究，还按照我的要求在实际生活中真正应用所学的方法：学会与恐惧相处，探究自己的优势，设定短至一个星期、长至数十年的宏伟目标。我也鼓励他们去冒险尝试，发现自己的最佳挑战地带——通常是在舒适和恐慌之间的某个地带。

从个人角度而言，我并不是总能找到让我舒适的中间地带。作为一个性格内向的人，我在本课程刚刚开课时面对 6 个学生还可以应付。而到了第二年，我需要面对将近 400 名学生，这对我来说已经变成了一个巨大的挑战。第三年，听课学生已经达到 800 多人，那时我感受到的是恐慌和紧张，而绝不仅仅是挑战，特别是在学生的父母、祖父母和媒体开始出现在课堂上的时候。

自从《哈佛深红报》（*Harvard Crimson*）和《波士顿环球报》（*Boston Globe*）报道了积极心理学课程火爆哈佛这件事，质疑声就从未停止。人们似乎意识到我们正处于某种革命之中，但是并不十分清楚革命的意义。如何解释哈佛大学等高校对积极心理学热切的需求？为什么从小学生到中学生，甚至成年人都对幸福的研究表现出浓厚的兴趣？是因为我们这个时代抑郁的人越来越多了，还是因为 21 世纪的教育理念或者西方的生活方式使然？

事实上，对幸福的探索并不因时代和地域的不同而有所不同。在任何时代、任何地方，所有人都在追求幸福的真谛。柏拉图为研究“美好生活”而建立学院，他杰出的学生亚里士多德为了推动生命繁荣而设立讲堂。而在早于他们一个世纪的时候，孔子则周游列国，传播他追求充实生活的理想。无论是过去还是现在，所有伟大的宗教和普世哲学体系无不涉及幸福的问题。近年来，心理自助大师所撰写的有关如何获得幸福的书籍，已经占据了世界各地书店和大型书展的显要位置，从印度到美国，从以色列到沙特阿拉伯，这类书籍无处不在。

尽管人们对幸福的热情和实践从未停止，但是对积极心理学的需求从未像当下这般迫切。在美国，抑郁症的患病率比 20 世纪 60 年代高了 10 倍，而发病年龄也从 20 世纪 60 年代的 29.5 岁下降到今天的 14.5 岁。最近在全美范围内的一项调查表明，将近 45% 的美国大学生因抑郁而影响正常的社会生活。很多国家的情况都与美国相似。1957 年，英国有 52% 的人表示自己感到非常幸福，但到 2005 年只有 36% 的人感到幸福，而在过去的近半个世纪里，英国国民的平均收入提高了 3 倍。中国的经济发展异常迅猛，与此同时，儿童和成年人焦虑症和抑郁症的患病率同样在急剧上升。中国国家卫生健康委员会报告称，中国儿童和青少年的精神卫生状况的确令人担忧。

就在物质生活水平不断提高的同时，抑郁症的蔓延也在加剧。虽然现代人（大多数西方国家和越来越多的东方国家）比先辈富有得多，但我们却并不比先辈开心。积极心理学的权威专家米哈里·契克森米哈赖（Mihaly Csikszentmihalyi）问过一个看似简单、实则复杂的问题：“我们这么富有，为什么还不开心呢？”

如果人们认为基本物质需求的满足能带来幸福生活，那么在基本物质需求没有得到满足时，去解释人们为什么不幸福当然是非常容易的。但在当今社会，大多数人的基本物质需求已得到满足，但人们仍然感到不幸福，那个看似合理的理由已无法解释人们的不满。越来越多的人想搞清楚一个悖论——“财富带给我们的似乎是不幸福”，并且开始在积极心理学中寻找答案。

为什么积极心理学能带来幸福？

积极心理学通常被称为“研究人类最佳潜力的科学”。1998年，时任美国心理学会会长马丁·塞利格曼（Martin Seligman）将其作为一个新的心理学领域正式提出。此前，对幸福的研究（如何提高我们的生活质量）主要被大众心理学占领。在众多关于自我激励的培训和书籍中，这些内容确实让人感到有趣，但是绝大多数研究缺乏实证性的内容。它们所提出的“幸福的五大步骤”、“成功的三大秘密”以及“找到完美爱人的四大法宝”等，通常是空头承诺，以致多年后人们对“自我激励运动”仍充满质疑，甚至嗤之以鼻。

另一方面，学术研究中许多极富实证性的研究和成果无法应用于大众生活。在我看来，积极心理学就是连接“象牙塔”和“主干道”的桥梁，它既有学术的严谨性与精准性，同时也具备激励运动给人们带来的愉悦和乐趣。当然，这也正是本书的主旨。

我们知道，大部分自我激励类书籍都具有“承诺多，实效少”的通病，因为它们缺乏实证的科学性检验；与之相反，学术期刊中的观点和成果，从产生一个想法到得出科学的结论，都要经过严格的实验过程和科学考证。研究者很少夸大其词、轻易承诺，可他们一旦依据科学结论做出承诺，往往都能实现。

正因为积极心理学是连接学术成果与日常生活的桥梁，所以积极心理学家所提供的方法（无论是在书中、讲座中提供的，还是在网络上提供的），有时候可能跟那些激励大师的建议听起来很像，简单易行，但是这种简单易行与自我激励运动有着本质的区别。

美国最高法院法官奥利弗·温德尔·霍姆斯（Oliver Wendell Holmes）曾说："对于无知的简单，我不屑一顾；而对于超越复杂后的简单，我全力以赴。"霍姆斯所看重的简单，是经过探索和研究、深入思考与仔细验证而得出的本质性结论，而不是那些无根据的通俗说法，或凭空猜测的断言。积极心理学家深入研究现象背后的本质和真相，从复杂回归到简单，最终形成可行的观点、实用的理论，以及简单而有效的技巧。这并不是一件容易的事，达·芬奇很早以前就已经指出，"至繁归于至简"。

为了找到幸福生活的精髓，积极心理学家与哲学家和其他社会科学家一起，投入了足够多的时间和精力，去寻找纷繁现象背后简单的实质。本书的部分内容来自他们的研究结果，并且它们绝对可以帮助你拥有更快乐、更充实的生活。我知道它们是可行的，因为它们已确确实实帮助了我。

如何利用本书？

本书旨在帮助你了解幸福的真相，更重要的是，帮助你过得更幸福。但是，仅通过阅读本书（或其他任何书籍），是无法令你的生活发生任何实质性改变的。我不相信改变生活这么巨大的工程能有什么捷径。所以，如果想要借由本书来帮助自己，你就必须把它看作一本练习册，练习内容包括反思和行动。

仅仅浏览书籍而不付出努力是不行的，深刻的自我反思必不可少。在整本书中，你会经常看到"反思"（Time-In），而不是休息（Time-Out）。这些有引导性的问题，是给每个人一个机会、一个提醒，让读者花一两分钟的时间去反思、消化自己所阅读的内容，并进行自我探索。如果没有这些"反思"，那么大部分内容都会因为太抽象而很容易被我们忘记。

除了"反思"，每一篇结尾还有很多练习，目的是引发大家在更深层次上进行思考和行动，将所学的内容应用于日常生活。在所有练习中，有些可能会让你更有共鸣，有一些则不会，比如你可能觉得写日志比冥想更容易。你可以先从感觉比较自然的练习开始，在熟练了之后，再进行其他练习。迄今为止，这些练习是我发现的最有效的心理学方法。你为这些练习投入的时间越多，你越能从中受益。这些练习看似简单，却十分有效，确实可以帮助你过上更开心、更充实的生活。

本书分为三篇。第一篇有 5 章，介绍了什么是幸福以及幸福生活的重要组成因素。第二篇（第 6 章到第 8 章）讨论了如何把这些观点应用到教育、工作以及家庭生活中。最后一篇则包括了

7 个关于幸福的思考，我提出了一些有关幸福本质的思考，以及它们是如何影响我们的生活的。

在第 1 章中，我首先回忆了自己的成长历程，包括那些促使我去探究幸福的经历。在第 2 章中，我指出了幸福既非来自眼前欲望的简单满足，又不是将欲望的满足延迟到遥不可及的“未来的某一天”。我们通常看到的幸福模式都是不可行的，譬如只追求及时行乐的“享乐主义型”，以及放弃当下的快乐、只有未来目标实现的那一刻才能满足的“忙碌奔波型”。因为这两者都不同程度地忽略了人生的两种基本需求，那就是“当前的快乐 + 未来的获益”。

在第 3 章中，我解释了为什么快乐必须同时包含意义和快乐两个因素，既有明确的人生目标，同时又可以体验当下的喜悦情绪。我认为，生命的终极目标应该是幸福，这是一个高于其他所有目标的总目标。在第 4 章中，我提出幸福才是终极财富，是衡量生命的最高标准，而非金钱或声望。我探讨了有关物质财富和精神财富的关系，并讨论了为什么有些人在拥有巨额财富、地位和声望之后，却深陷苦痛，甚至精神崩溃。在第 5 章中，我将本书关于目标设定的方法与其他心理学理论加以结合，帮助读者设定自己真正想要实现的目标，让他们既能感受到意义又能享受到乐趣，从而取得更大的成功，变得更加幸福。

在第 6 章中，我开始将第二篇的理论应用在生活中，解析了两种学习模式：溺水模式和性爱模式。探索为什么大部分学生不爱上学，并且探讨了作为教育者的家长和老师应如何帮助学生获得幸福和成功。第 7 章旨在打破一种固有的错误观念，即外在成功会不可避免地以牺牲内在的快乐为代价。对此，我提供了一种定义幸福工作的方法，它能帮我们找到既能感受意义又享受快乐，并且更能发挥优势的幸福工作。第 8 章探讨了幸福生活中最重要的成分：爱。我讲了什么是真正无条件的爱与被爱，为什么无条件的爱在幸福关系中扮演着如此重要的角色，以及爱对生活其他方面的广泛影响。

在最后一篇的第 9 章“幸福的土壤：仁爱之心”中，我讨论了与幸福相关的、爱自己和爱他人之间的关系。在第 10 章“幸福的肥料：幸福催化剂”中，我介绍了幸福催化剂的概念，即只需一些简单的方法就可以带来快乐和意义，它们可以提升我们整体的幸福感。在第 11 章“幸福的根：幸福深度”中，我反驳了幸福程度取决于天生条件和早期经历等不可改变的因素的观点。在第 12 章“幸福的阳光：内在的力量”中，我解释了一些心理限制，即我们强加于自己的内在限制，介绍了自我突破的方法，用我们与生俱来的幸福权利克服障碍。在第 13 章“幸福的成长：心灵的智慧”中，我提供了一些需要我们反思的内容，我们可以据此反思和寻找问题的终极答案。第 14 章“享受幸福的花朵：淡定从容”中则指出了一个最普遍的幸福障碍，即时间压力。人们总是企图将越来越多的事情在越来越短的时间内做完，这让我们的幸福感大打折扣。

最后一章“幸福至上的原则”专门献给这场“幸福的革命”。我相信，如果大多数人都把真正的幸福作为终极财富，那么我们看到的将不只是普遍的幸福，还有一个和平、仁慈的世界。

致中国读者

我曾有幸在中国多次传播积极心理学。我每次对学生说的第一句话都是：在我的课程中，其实并没有什么是你们不知道的。为什么？因为积极心理学是 1998 年才在美国创立的心理学新领域，很多核心元素都来自中国的哲学思想和世界观。因此，许多中国朋友对积极心理学的了解其实比西方人要早得多。

比如，孔子早就提到，“修身”本来就是“齐家，治国，平天下”的核心，这也正是现代幸福科学的基本假设：要帮助别人，我们要先学会完善自己。与之相比，西方心理学现在才刚刚开始研究（或者重新研究）身心合一的重要性。中国数千年来传统医术的神奇，也正在被最新的科学技术一步步验证。按摩和传统的冥想在西方得到日益广泛的应用，证实了西方正在慢慢追赶东方的脚步。

如果积极心理学的很多想法并不是全新的（尤其是对中国读

者来说），那么大家阅读这本书并且认识这个新领域的意义是什么呢？意义就在于，有时候确实需要用一些方法来提醒我们那些明明知道却已经忘记的事情。当你读这本书的时候，你就会发现，许多想法是你知道的，甚至是你熟悉的。我希望你对它的反应是：“哦！我知道这个，很高兴你提醒了我。”因为这些想法和价值观，其实本来就深植于你们的文化以及个人和社会发展的历史当中。我不是要把你们带到一个新的未来，而是要把你们带到一个更真实的未来——一个与你们的传统有着密切关系的未来。

总体来说，西方科学家喜欢很透彻地研究物体，包括把它们解剖、分解、不断放大以仔细研究；东方科学家则把事物联系起来，从整体的角度出发，缩小并退后一步，系统观察。这两种方式都很重要，所以，如果我们想要最完整地了解积极心理学（或者其他任何学科），就必须要集合双方的精华，先分解，再组合，而不是二选一。换句话说，就是要搭建一座学术界的桥梁——一座能让东西方智慧畅行无阻的桥梁。

为了让东西方智慧自由地畅行，双方都必须保持谦虚的态度。谦虚带来开放的思想，骄傲带来的则是武断。为了更接近真相，我们需要对所有想法都持有客观的态度，而不是只宣扬自己的观点和立场。开放的思想加上有分辨力的头脑和心灵，绝对可以帮助我们完成关于幸福和自我实现的人生拼图，看清所有的脉络和细节。更重要的是，还可以实现孔子理想中的和谐的幸福社会。

为东西方搭建这座桥梁，把和谐带给个体与社会，正是积极心理学以及本书的主要目的。这也是在中国的培训与学习令我受益匪浅且倍感有意义的原因所在。

泰勒·本–沙哈尔

第一篇
什么是幸福

第 1 章
关于幸福的疑问

困境之中蕴藏机遇。

——阿尔伯特·爱因斯坦

16 岁那年，我在以色列全国壁球赛中夺得冠军。那次经历迫使我有生以来第一次认真思考了“幸福”这个主题。

我曾经深信胜利可以令我快乐，可以缓解我长期以来的空虚感。在长达 5 年的训练中，我一直感觉生命中似乎缺失了什么……无论是拼命地长跑、不停地做力量训练，还是不断地自我鼓励，都无法填补这种内心的空虚。我不快乐，但我相信那些“缺失的东西”早晚会填补到我的生命中。至少有一条看似行得通的幸福之路，那就是我必须通过忍耐身体或心理的艰难去赢得冠军，通过赢得冠军获得成就感，而成就感一定能让我最终获得幸福。这就是我的幸福逻辑。

如我所愿，夺冠后我欣喜若狂，那种快乐超乎了我的想象。获胜后我与家人、朋友一起隆重地庆祝。那时，我对支撑自己走过艰辛5年的理念更是深信不疑：胜利可以带来无限快乐，为此生理和心理上的种种苦痛都是值得的——一切如此公平。

可是就在当晚，狂欢过后我独自回到自己的房间，坐在床上，尝试着在睡前再回味一下那无限的快感。出人意料地，那些我以为会保持很久的成就感、那些我最珍视的来之不易的喜悦，忽然间消失得无影无踪。失落和空虚再次占据了我的内心。我忽然感到迷惘和恐惧，泪水奔涌而出。几个小时前还是喜极而泣的泪水，仅几个小时后就饱含伤心和无助。如果在如此圆满的境况下尚不能感到幸福，那么我又能到何处去寻找那持久的幸福呢？

我努力安慰自己，或许这只是兴奋过头之后的暂时低落。可是在接下来的日子里，我仍没有找回快乐的感觉。相反，内心却越来越沮丧，因为我越来越强烈地意识到，即使我达到更高的目标，哪怕赢得世界冠军，似乎也不能为我带来持久的幸福。我所依赖的逻辑彻底被打破，我完全不知所措。

反思

回想一下，你有没有曾经在实现了一个重要目标之后，却没有感到你预期的喜悦？

对幸福的迷惑

我意识到必须改变自己对幸福的认识，更深刻地理解幸福的本质。自那时起，我开始对一个问题非常着迷：如何才能得到持久的幸福？我不断找寻答案——我观察谁看起来比较幸福，然后向他们请教幸福的原因；我读遍了所有能找到的与幸福有关的书籍——从亚里士多德到孔子，从古代哲学到现代心理学，从学术研究到自我激励等方面的书籍。

为了让自己用一种更为正式的形式寻找幸福的答案，我决定在大学里主修哲学和心理学。在那里，我认识了许多杰出的人士，包括作家、思想家、艺术家、教授等，他们和我一样，都在试图理解幸福这个“大问题”。我开始边阅读边思考，聆听有关内在动机和创造性的讲座，阅读柏拉图关于“美好”的理论以及爱默生关于“完整内心”的看法。所有这些给了我一个新视角，让我对生命和身边的种种事物有了更深切的体会。

我发现并不是只有我这样，我周围的大部分同学都生活得不开心，他们沮丧、压力重重。可是他们似乎并不在乎，他们只是在努力地追求好成绩，通过苦练成为出色的运动员，或是为了显赫的地位而奋斗，但在追求和达成这些目标的过程中，他们很少能体会到发自内心的快乐。

虽然在离校后他们的目标改变了（比如以往是追求好成绩，

现在是追求高薪和晋升），他们的生活态度却没有丝毫改变。就好像他们已经认定了一点，那就是“要成功就必须以经历痛苦作为代价”。难道真如梭罗所观察到的——大部分人是在“平静的绝望”中生活？就算如此，我也无法接受“令人沮丧的状况就是生活的必然”这种说法。接着，我提出了下面的问题：我该如何同时获得成功和幸福？怎样平衡成就和幸福？是否可能打破“不劳则无获”的传统观念？

后来我明白了，要想得到这些问题的答案，就必须首先理解幸福到底是什么。它是一种情绪，就像快乐一样？还是没有痛苦？还是好运气？“快乐”“好运”“狂喜”“满足”这些字眼经常被视为“幸福”的代名词，但是它们都不符合我对幸福的理解。这些情绪稍纵即逝，没错，它们虽然让人感觉很好，但是它们无法成为衡量幸福的标准，更不能成为幸福的支柱。真正的幸福不应该是绝对不掺杂不良情绪，而是经得起困难和挫折的考验。

辨别那些我不认同的观点是非常容易的，但要找到合适的定义则是最难的。人们都会讨论幸福，都感受过幸福，但却缺少一个完美的定义帮助我们更深入地理解它。英文“幸福”（happiness）一词源于冰岛语里的happ，其意思为运气或是机会。happ同时也是“偶然”（happenstance）这个词的来源。我可不想凭着运气去获得幸福，因此我决定寻找并理解它的真正意义。

反思　你会怎样定义幸福？幸福对你来说意味着什么？

我从 16 岁开始思考这个问题，但是直到今日尚未找到一个完满的答案，也许永远都不会找到。在大量的阅读、研究、观察和思考之后，我仍然没有找到任何有关幸福的神奇配方，世上其实并没有什么“幸福的五步法”。我撰写本书的目的，就是帮助大家更多地了解幸福和充实的生活所蕴含的基本原则。

当然，这些基本原则不是万能的，不可能在任何情况下适用于任何人。本书主要关注的领域属于积极心理学，并未将重点放在重度抑郁或急性焦虑障碍这些阻碍人们获得幸福的病症上。当然，了解这些原则的目的也不是阻止生活中的各种苦难发生，而是帮助我们积极地加以应对。

有时，对那些身处战乱、政治迫害以及极度贫困中的人，书中的一些方法是难以付诸实践的。比如，在刚刚失去至爱亲人的时候，人们也很难去关注自身的幸福。当然，当在工作或者亲密关系中身处困难期或低谷时，即使情况不是很严重，人们也很难有精力关注如何才能更幸福。在上述情况下，我们最好的选择应该是真实地体验那些负面情绪，并允许它们按自然规律自行转变。

每个人的生命中都会有不可回避的痛苦，很多内在与外部的障碍都会影响我们获得幸福，并非仅靠读一本书就可以解决这些问题。但是，更好地理解幸福的真谛，并将本书中的一些方法应用在日常生活中，的确可以帮助大多数人更加幸福。

从幸福到更幸福

无论是在撰写本书的过程中，还是在阅读其他有关幸福的作品或思考关于幸福的问题时，抑或在观察身边人的生活时，我常常会问自己："我幸福吗？"当然，别人也问过我同样的问题。花了很长时间我才发现，这个问题虽然很重要，但意义并不大。

我怎样才能判断自己是否幸福？什么是成就幸福的关键？幸福有统一的标准吗？如果有，那么它是什么呢？我们的幸福与身边人的幸福有关吗？如果是，那么我们周围的人究竟有多幸福呢？其实，这些问题很难有确切的答案，即便有，这些答案对提升我们的幸福感也没有什么帮助。

"我是否幸福"这个问题本身就暗示着对幸福的两极看法：要么幸福，要么不幸福。在这种理解中，幸福成为一个终点，一旦到达，我们对幸福的追求就结束了。实际上这个终点并不存在，对这一误解的执着只能导致不满和挫败感。

我们永远都可以更幸福。没有人能够在所有时间都非常满足而无欲无求。与其问自己是否幸福，不如去探讨一个更有助益的问题："怎样才能更幸福？"这个问题不但契合幸福的实质，还表明了幸福是一个需要长期追求、永不间断的过程，而不是一个可以终结的句点。比如，我现在要比5年前幸福；我也希望，5年后的今天我能比现在更幸福。

与其因为还没有达到幸福的境界而垂头丧气，与其浪费力气苦思冥想自己到底有多幸福，不如认真体会和挖掘幸福这一无穷无尽的宝藏，同时去争取得到更多。要记得，"让自己更幸福"应该是我们终生追求的目标。

练习

养成习惯：我们的习惯造就了我们

我们都知道，改变是困难的。大量研究指出，学习新模式、培养新习惯或者打破旧习惯，比我们预想的要困难得多，所以绝大多数个人和组织所尝试的改变都以失败告终。事实证明，在履行承诺的时候，即使这些承诺对我们是有益的，但仅仅依靠自律也远远不够，这就是大多数新年计划最后都会落空的原因。

吉姆·洛尔（Jim Loehr）和托尼·施瓦茨（Tony Schwartz）在《精力管理》（*The Power of Full Engagement*）一书中提供了有关“改变”的另一种方法：与其强化自律性，不如养成固定的习惯。他们认为，“养成习惯要求确定行动的细节，并规定在特定的具体时间内完成，这需要感受到深刻价值并把它作为行事动机”。

养成习惯通常是一件很困难的事，但保持一个已形成的习惯就相对容易多了。最优秀的运动员都有自己的习惯：他们知道何时该进行实地训练，还知道在实地训练之后应该在健身房进行体能训练，最后做伸展和放松训练。对大多数人来说，每天刷两次牙是一种习惯，不需要什么强大的意志力。我们需要用同样的模式来养成新的习惯（行为惯性），一旦习惯养成，余下的事情就很简单了。

对运动员来说，良好的运动表现是价值的最集中体现，所以他们愿意在训练中养成良好的习惯；对大部分人来说，健康是非常重要的，所以他们每天都会早晚刷牙。如果我们要追求幸福，认清它是最有价值的目标，我们就需要为此养成习惯。

什么样的习惯能让你更幸福？你希望生活发生怎样的改变？比如，每周运动 3 次，每天早上冥想 15 分钟，每个月看两场电影，与伴侣每个星期二出去约会，隔天阅读一些有趣的读物，等等。每次养成的新习惯不要太多，一两个足矣；另外，在习惯被固定下来之前，不要试图养成新习惯。就像托尼·施瓦茨说的，“微小的进步，好过野心勃勃却遭遇失败……不要着急，成功自然会像雪球一样越滚越大”。

你一旦确定了新习惯的内容，就先把它们列入你的计划，然后开始行动。刚开始可能并不容易，但通常 30 天之内，一个新的习惯就可以被固定下来，变得像刷牙一样自然。习惯通常很难改变，对于好习惯来说，这可是个好消息。亚里士多德曾说：“我们的习惯造就了我们。卓越不是一次行为，而是一种习惯。”

人们常常抵制建立习惯性行为的原因，往往是觉得它们会限制自身的主动性和创造性。特别是在需要与他人互动的事情上，比如安排固定的时间和伴侣约会，或者规律性地从事创造性的艺术活动，比如绘画，这些似乎都让我们觉得受到了限制。事实上，如果我们不把一些活动变为习惯和规律，无论是去健身房运动、和家人相聚，还是阅读，结果往往不是自然而为，而是让我们被动地生活（任凭自己的精力和时间被他人的需要占用）。在有规划、有规律的生活中，我们可以妥善地安排时间，为更好地发掘我们的自主性和创造性提供时间保证。更重要的是，我们可以把自主性和创造性与这种习惯性行为完美地结合起来，比如在设定的约会时间，我们可以随意地选择约会的地点。最具创意的人（像艺术家、商人或家长）都有他们自己的日常习惯，这使得他们更有自主性，能够更自由地发挥创意。

在本书中，我还会不断地提供类似的练习。当你做不同的练习并且养成不同的习惯时，你会觉得越来越幸福。

表达感恩：每天记下 5 件值得感恩的事

罗伯特·埃蒙斯（Robert Emmons）和迈克尔·麦卡洛（Michael McCullough）的研究表明，每日把那些值得感恩的事情记录下来的人（每天写下最少 5 件值得感恩的事），确实在身体上更健康、内心更幸福。

每晚在入睡前，写下 5 件让你因感恩而快乐的事情。这些事情可大可小，从一顿美食到与一个好友的畅谈，从日常工作任务到一个有意思的想法，你都可以写下来。

如果每天都做，你可能会重复地列出一些事情，这很好；重点是，在重复之余，为了让你的情感体验保持新鲜，请在每一次把它们写下来的同时，去想象当时的体验和感受。当感恩成为一种习惯时，我们会更珍惜生活中的美好时刻，而不会把它们当成理所当然的。

你可以自己做这个练习，也可以与你所爱的人一起完成，比如爱人、子女或父母、兄弟姐妹。共同表达对生活的感恩可以让彼此间的关系更加亲密、和谐。

第 2 章
解读人生的四种汉堡模型

自然界给了每一个人幸福的机会，
人们都知道，却不知如何得到它。
——克劳狄

年度最重要的壁球赛就要临近了。我每天的训练已经极度艰苦，同时还要严格控制饮食。尽管我的饮食习惯已经相当健康，这是我训练规则的一部分，但我偶尔也会放纵自己，“奢侈”地吃一点儿垃圾食品。

然而，在开赛前四个星期，我只吃最瘦的鱼肉和鸡肉、全麦的主食，以及新鲜蔬菜和水果。我告诉自己，为了好好犒劳一下自己的忍耐力，等比赛一结束，我一定要好好大吃两天垃圾食品。

比赛一结束，我就直奔最爱的汉堡店，一口气买了四个汉堡。离开柜台时，我深深地体会到巴甫洛夫的狗听到铃声时的感受。我坐下来，迫不及待地撕开第一个汉堡的纸包，就在将汉堡放在嘴边的一刹那，我突然停住了。

整整一个月来，我是多么期盼这一刻的到来。然而当汉堡就在我面前时，我居然不想吃了。我努力思考这是为什么，就在那时，我的脑海里形成了所谓的幸福模型，我更愿称它为“汉堡模型”。

我认识到，在上个月，健康饮食不但使我身体健康而且体能充沛。我相信我会很享受这四个汉堡的美味，但吃过之后我可能会后悔并影响健康。

看着眼前那四个汉堡，我思考了四种汉堡模型——每种汉堡都有自己的独特之处，正好代表了四种不同的人生态度和行为模式。

四种汉堡模型，四种人生模式

第一种汉堡是我最先拿起来的汉堡，它虽然口味诱人，却是标准的垃圾食品。吃它等于享受现在的快乐，却为未来埋下了痛苦。

为及时享乐而出卖未来的幸福人生，这样的人可以被称为“享乐主义型”。“享乐主义型”的格言就是“及时行乐，逃避痛苦”，他们注重的是眼前的快乐，却忽视了自己的行为可能带来的任何负面影响。

第二种汉堡虽然口味很差，可里面全是蔬菜和有机食物，食用这类汉堡可以确保日后的健康，但食用者吃得很痛苦。这类人与“享乐主义型”相反，他们只追求未来的快乐，承受着现在的痛苦。

我称这类人为“忙碌奔波型”。这种人认为此刻的一切努力都是为了实现未来的目标，痛苦的过程是获得未来幸福的必由之路。

第三种汉堡最糟糕，既不好吃又不健康，如果吃了它，不但现在无法享受美味，日后还会影响健康。与此类似，有一种人对生命已经丧失了希望和欲望，他们既不享受眼前的所有，对未来也没有任何期望。我称其为“虚无主义型”。

上述三种类型并不是我们的全部选择。会不会还有一种汉堡，与第一种一样好吃，并且与第二种一样健康呢？会不会有一种能平衡当下及未来益处的汉堡呢？

第四种汉堡就是“感悟幸福型”汉堡。生活幸福的人，不但能够享受当下所做的事情，而且能够通过目前的行为，拥有更加满意的未来。

图 2–1 解释了四种类型在现在和未来的获益情况。纵轴代表未来，向上为正面影响，向下为负面影响。横轴代表现在，向右为正面影响，向左为负面影响。

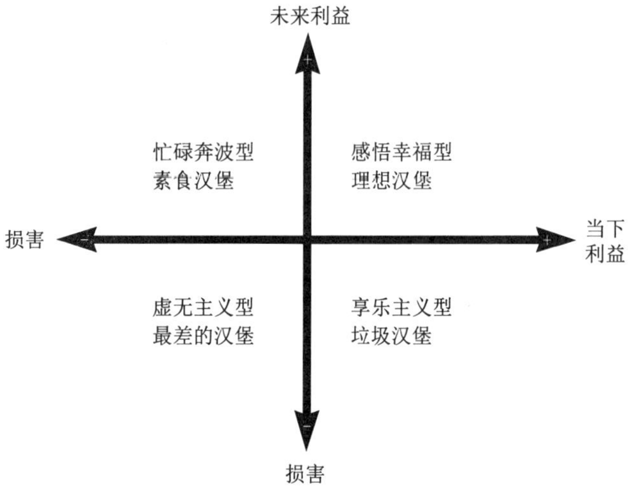

图 2-1　幸福的汉堡模型

我介绍的这些不同类型的汉堡，只是理论上的分类，并不代表任何具体的人。其实，我们每个人或多或少都会有每种类型的一些特点。为了更清晰具体地解释每一种类型，我给大家讲一个有点儿像寓言的故事，不过我所强调的只是主人公所代表的类型而不是他本身。现在就让我们跟着蒂蒙，一起来看看他不同的人生阶段。

反思　回顾你过去和现在的生活，你经常处于哪一个或者哪两个象限呢？

忙碌奔波型

蒂蒙小时候是个无忧无虑的孩子，从来不为未来担忧，他每天的生活都充满惊奇与兴奋。不过，从六岁上小学那天起，他忙碌奔波的一生就开始了。

他的父母和老师经常提醒他，上学的目的就是取得好成绩，这样长大后才能有个好未来。然而，没有人告诉他学校也是个可以获得快乐的地方，或者说，学习本身就应该是一件开心的事情。

由于害怕考试考不好，担心作文中有错字，蒂蒙极其焦虑并且背负着很大的压力。他每天盼望的只是下课和放学，他的精神寄托就是每年的假期，因为只有那时他才不需要为功课和分数而烦恼。

蒂蒙逐渐开始接受大人的价值观——成绩就是成功的唯一标准。虽然他不喜欢学校，但他还是努力学习。当他成绩优秀时，父母和老师都会夸奖他，被灌输了同样观念的同学们也非常羡慕他。升入高中后，蒂蒙对成功的公式更加深信不疑：牺牲现在的快乐，才能换取未来的幸福；没有痛苦，就没有收获。虽然他对学业和校园活动并无好感，但他还是全力以赴，荣耀的光环推动着他。当压力大到无法忍受时，他会安慰自己："考上大学后，一切都会变好的。"

收到大学录取通知书时，蒂蒙激动地落泪了，他感到喜悦和释然。那一刻，他郑重地告诉自己，终于可以享受幸福了。

然而，好景不长。没过几天，熟悉的焦虑又卷土重来。他担心不能在与同学的竞争中取胜。周围的同学都是最优秀的学生，如果无法击败他们，将来如何找到理想的工作呢？

他继续忙碌奔波着。大学四年，他努力为未来打造了一份漂亮的简历：他成立了一个新的学生社团，在另一个社团中担任主席，做志愿者帮助无家可归的人，参加各种运动项目……他谨慎选择选修课程，而这完全不出于兴趣，仅仅是为了让自己有一张光鲜亮丽的成绩单。

当然，蒂蒙或多或少也有开心的时候，特别是在完成一些艰难的任务之后。但这些快乐完全来自如释重负的感觉，它们并不持久，焦虑很快又会降临，如影随形。

在大四那年的春天，蒂蒙被一家著名的公司录用。他再一次兴奋地告诉自己，终于可以开始享受生活了。但他很快发现，这份每周需要工作 80 小时的高薪工作让他倍感压力。他说服自己，小小的牺牲没关系，只有努力工作，才会在岗位上更稳定，才会更快地晋升。像读大学时一样，他偶尔也会因为加薪、奖金或升职等事情开心一下，但这些满足感同样很快消退了。

在多年超负荷、超时长的努力工作之后，公司邀请他成为合伙人。他依稀记得当初曾认为如果有一天可以成为合伙人，那么一定会非常幸福。但是，当这一天真的来临时，他并没有感到丝毫的快乐。

蒂蒙在大学里是一名优秀的学生，现在是一家知名公司的合伙人，和家人住在一栋豪宅里，开着跑车，银行的存款一辈子都用不完，但是他并没有感受到丝毫幸福。

具有讽刺意味的是，蒂蒙被身边所有人认定为成功的典型，朋友们把他视为偶像，教育小孩时也会以蒂蒙为榜样。但是，蒂蒙为可能和他拥有同样命运的孩子们感到悲哀，可除此之外还有什么更好的选择？他甚至不知道如何教育自己的孩子——难道告诉他们，在学校不用努力，不用上好大学，不需要找好的工作？到底是不是想要成功就必须忍受痛苦呢？

虽然蒂蒙是一个不快乐的忙碌奔波者，但是有一点值得注意，那就是还有很多每星期工作 80 小时的人，他们对工作抱有极大的热情，并且完全自觉地投入工作之中。从来没有谁规定，成功一定要以牺牲快乐为代价。有很多人为了学业、工作，每天努力奋斗，也过得十分开心。“忙碌奔波型”和这些人最大的不同，就是他们不懂得去享受他们正在做的事情，还坚守着根深蒂固的错误观念：“一旦目标实现，就会开心快乐。”

为何有这么多“忙碌奔波型”的人呢？最主要的原因是我们的文化造就了这种信念：如果成绩全优，家长就会给我们奖励；如果工作表现好，就会得到奖金。我们习惯关注更远大的目标，却不在意当下的感受，最后导致终生的盲目追求。我们从不会因为享受过程而得到奖励，我们认为能否达到目标才是衡量一切的标准。社会只褒奖成功的人，而不是正在努力的人——只看结果，而无视过程。

一旦达到目标，我们就会把放松的心情解释成幸福，好像工作越艰难，成功后幸福感就越强。因此，当我们拥有这种错觉时，就不由自主地对这种生活方式屈服了。不可否认，这种解脱让我们感受到了真实的快乐，但是它绝不等同于幸福。

这种幸福可被称为“幸福的假象”，它们来自压力和焦虑的消除，无法长久维持，因为它本身就是与负面情绪共生的。这就好比一个人头痛好了之后，他会为头不痛了而高兴。然而，由于这种喜悦来自痛苦的前因，因此，当痛楚消散时，我们很快就会把健康当成一种理所当然的事，病愈的喜悦早已消失得无影无踪。“忙碌奔波型”的人错误地认为成功即是幸福，坚信目标实现后的放松和解脱就是幸福，因此他们不停地从一个目标奔向另一个目标。

反思

回想一下，你是否曾经在某一段时期忙碌奔波地生活。如果有，就以一个旁观者的角度给自己一些建议。

享乐主义型

“享乐主义型”的人总是在寻找快乐并且逃避痛苦。他们只是盲目地满足欲望，从不认真地考虑后果。他们认为，充实的生活就是不断地满足自己各种各样的欲望。只要能让自己开心，眼前的事就值得去做，等找到下一个更刺激的乐子再说。他们在爱情和友情方面精力旺盛，但新鲜劲儿一过，他们就开始物色下一段感情。由于享乐主义者只看重眼前，短暂的快乐有时会让他们失去理智。如果吸毒能带来快感，他就会去吸毒；如果工作辛苦，他就会逃避。

享乐主义者的根本错误在于将努力与痛苦、快感与幸福等同化。有这样一个故事。一个冷血的歹徒被警察打死后，天使出现了，对他说可以答应他任何要求。一开始歹徒对自己可以进入天堂感到难以置信，随后他慢慢接受了这个事实，并开始贪婪地提出各种要求，希望得到大笔金钱、山珍海味、美女，每次都能如愿以偿，他感觉好极了。

但是慢慢地，他的喜悦越来越少，这种不劳而获的生活让他感到无聊。于是，他向天使提出请求，他想要做一些有挑战性的工作，但天使回答：“这里什么都有，就是没有事情可做。”

在没有任何挑战的情况下，他越来越不开心。终于，他向天使提出了离开天堂的请求。他说就算是去地狱，他也要离开。忽然之间，天使变成了魔鬼的样子，魔鬼笑着对他说："你早就在地狱里面了。"

这就是被享乐主义者误认为天堂的地狱：没有目的和挑战，生活变得毫无意义。如果只想着享乐，总是逃避挑战和问题，那么我们和一般动物有什么不同呢？但每个人心中多少都会有一些"享乐主义型"的成分，把努力和痛苦等同化，只图享乐而不再追求生命的意义，期待理想中的伊甸园早日出现。

在一个与上述故事类似的研究中，心理学家付费给一些大学生，对他们的要求就是什么也不能做。他们的基本需要得以满足，但是被禁止做任何工作。4~8 小时后，这些大学生开始感到沮丧，尽管参与研究的收入非常可观，但他们宁可放弃参与试验而选择那些压力大、收入也没有这么多的工作。

1996 年，我曾为一批南非政府官员讲授如何培养领导力。他们告诉我，在对抗种族隔离的运动中，他们有着极为清晰的使命感，虽然当时的生活很艰难，甚至很危险，却因充满挑战而令人兴奋。

当种族隔离制度被废除时，南非人民庆祝了好几个月。然而，当狂喜慢慢消退时，许多曾为破除种族隔离制度而奋不顾身的人开始感到厌倦、空虚，甚至沮丧。当然，没有人愿意再回到从前，但在全心全力投入的伟大事业告一段落之后，他们确实感觉无所适从。其中一些人尝试着去找寻新的生活意义，包括家庭生活、社会责任、工作或个人爱好；但也有一些人，即使在多年以后还是无法找到生活的新方向。

米哈里·契克森米哈赖毕生致力于研究高峰体验和巅峰表现，他曾说，“人类最好的时刻，通常是在追求某一目标的过程中，把自身实力发挥得淋漓尽致之时”。享乐主义者的生活完全没有挑战，因此不可能获得幸福。美国卫生教育与福利部前任秘书长约翰·加德纳（John Gardner）说过，“无论在山谷还是山巅，我们生来就是为了奋力攀登，而不是放纵享乐”。

现在让我们回到蒂蒙的故事中来。由于无法在盲目的追求中找到幸福，于是他决定干脆把注意力放在当下。他开始酗酒、吸毒，麻弊自己，尝试只以快乐为目的的滥交。他尽可能地延长假期，在阳光下一待就是几个小时，享受着毫无目的的人生，再也不去担心明天的事。起初他发现这样快乐极了，但就像前面故事中的那个歹徒一样，蒂蒙很快就感到了厌倦与不快。

反思

回想一下，你是否有过作为享乐主义者的经历或者一段享乐的生活，这种生活的好处和代价分别是什么？

虚无主义型

“虚无主义型”的人是指那些已经放弃追求幸福的人，他们不再相信生活是有意义的。如果“忙碌奔波型”代表为了未来而活，“享乐主义型”代表为了现在而活，“虚无主义型”则代表沉迷于过去而放弃现在和未来的人，他们被过去的阴影笼罩。

心理学家马丁·塞利格曼将这种心态称为“习得性无助”。在他的研究中，塞利格曼将实验狗分为三组。在三个地板带电的房间里，第一组实验狗受到了轻微的电击，在它们旁边有一个开关，只要碰一下，就可以停止电击；第二组实验狗也遭受了电击，但它们没有任何方法阻止电击；第三组实验狗则完全没有受到电击。

过了一会儿，所有的狗都被关进一个大箱子，箱子边缘是很矮的栏杆，接着实验人员开始对它们进行轻微电击。第一组（曾经被电击但学会了操纵开关停止电击的狗）和第三组（没有被电击过的狗）很快就跳出了栏杆；第二组（之前无法停止所遭受的电击的狗）只是在原地哀号，这些狗就是“习得性无助”的受害者。

在一个类似的实验里，塞利格曼让两组受试者听噪声。第一组受试者掌握了阻止噪声的方法，而第二组受试者无法阻止噪声。之后，他再次向两组受试者播放噪声，这一次大家都掌握阻止噪声的方法，但先前实验中的第二组受试者无动于衷，原因就是“习得性无助”。

塞利格曼的实验证明，人非常容易陷入“习得性无助”的状态中。所以当失败或无助时，我们经常会选择放弃，甚至感到绝望。

蒂蒙做“忙碌奔波型”的人不快乐，做“享乐主义型”的人也不开心，因为找不到出路，他决定向命运投降，听天由命。但他的孩子们呢？蒂蒙并不希望自己的孩子也陷入“安静的绝望”，可他又不知道该如何教育子女。教育他们为了成功放弃眼前的幸福吗？不行，忙碌奔波太痛苦了。教育他们为了快乐去过及时行乐的日子吗？也不行，享乐主义只会带来空虚。蒂蒙陷入了前所未有的痛苦中。

反思

回想一下，在某件事情上或某段时间里，你是否也曾感到堕入了虚无主义的旋涡，除了眼前的不幸，看不到任何希望。如果当时可以从旁观者的角度给自己一些建议，那么你会给出什么样的建议呢？

“忙碌奔波型”、“享乐主义型”和“虚无主义型”的人都犯了同一种错误，那就是坚持自己对幸福的偏见。“忙碌奔波型”

信奉的是“实现谬论”，即认为只有在实现一个有价值的目标后，才可以得到幸福。“享乐主义型”的问题在于“快乐至上”，认为只要不断地享受短暂的快乐，就算没有实现目标，也可以得到幸福。至于“虚无主义型”本身就是一种谬论，是对现实状况的完全误读，认为自己无论做什么都无法得到幸福。这种类型的人最可怜，因为他们连前两种谬论中有限的快乐都感受不到。

感悟幸福型

我的一名学生收到了一家著名咨询公司的录用聘请，她来找我，对我说她自己并不喜欢那份工作，但是又难以拒绝。虽然别的公司提供了她喜欢的工作，但是没有一家公司的薪水能与这家公司相比。她说，这两类工作都不能令她心满意足。她问我，要到什么年龄才能够停止为未来担忧，全然地去享受生活。

我告诉她，不要问自己“是否应该享受当下的快乐或者未来的幸福”，而要问“如何才能享受当下的快乐以及未来的幸福”。

当然，眼前和未来的收益有时是冲突的，在有些情况下我们确实容易顾此失彼。但大多数情况下，眼前和未来的幸福是可以平衡的。比如，一个热爱学习的学生，可以在学习的过程中享受创造的快乐，而这种快乐也可以帮助他取得好成绩，并且在未来获益。谈恋爱也一样，两人共同享受着爱情的美好，帮助对方成长与发展。同样，当我们从事自己喜爱的事业时，无论是商业、医学还是艺术，我们都可以在享受的过程中取得事业的进步。

但有一点要切记：如果企图永远幸福，就可能只会导致失败与失望。并不是每一件事都可以同时为我们带来当下与未来的幸福。有些时候，我们确实需要牺牲一点儿快乐，去换取目标的实现,有些平淡或琐碎的付出是无法避免的。就像为考试而学习、为未来而攒钱、为实现一个目标而超时工作，这些都会带来些许不快，但确实可以帮助我们在未来获益。重点是，就算我们必须牺牲一些眼前的快乐，也不要忘记我们仍然可以从生活的方方面面尽可能地发掘出能为当下和未来带来幸福的行动。

其实，享乐主义也有一定的好处，只要它不带来任何负面的结果，有时把注意力放在眼前的幸福上，也可以让自己放松，产生焕然一新的感觉。有时，放松一下自己，什么也不想，投入自己的爱好中，只要是适度的，就可以让我们更幸福。

反思 回想一下，在某一件或两件事情中，你是否曾同时体会到当下和未来的幸福。

“忙碌奔波型”的错误观念在于，只有成功本身可以为他们带来快乐，他们感觉不到过程的重要性。“享乐主义型”则错误地认为，只有过程是重要的。“虚无主义型”同时放弃了过程和结果，他们对生活已经麻木无感了。“忙碌奔波型”是未来的奴隶，“享乐主义型”是现在的奴隶，而“虚无主义型”则是过去的奴隶。

真正能够持续的幸福感，需要我们为了一个有意义的目标快乐地努力与奋斗。幸福不是拼命爬到山顶，也不是在山下漫无目的地游逛，幸福是向山顶努力攀登过程中的种种经历和感受。

练习

四个象限的特别日志

有研究表明，敞开心扉，把正面和负面的经历都写下来，可以提高我们的身心健康水平。

连续 4 天，每天用 15 分钟的时间，写下你在四个象限里的经历。无论是一件事，还是人生中某一段时期的感受，写下你处于“忙碌奔波型”、“享乐主义型”以及“虚无主义型”时期的经历。在第四天只写下你处于“感悟幸福型”时期的经历。如果你对其中某个象限特别感兴趣，就多写一点儿，但每天的内容不要超过一个象限的范围。同时，也不要担心文字是否通顺优美，尽管去写。要记得，写下你当时的感受和现在的感受、你当时的行为以及当时和现在的想法。

这里对每个象限的内容都有一些指导：

忙碌奔波型：写下你人生中忙碌奔波的经历。为什么曾经是那样的？你是否从中受益？你付出的代价又是什么？

享乐主义型：解释一下你只顾享乐的时刻或经历。你是否从中得到了很多？你损失的又是什么？

虚无主义型：写下那个特别令你痛苦的时刻，或者那个令你感到绝望、无助的时刻，并描述你当时以及现在对它最深刻的感受和想法。

感悟幸福型：描述一下你人生中某个特别幸福的时期或者经历。发挥你的想象力，让自己再次回到那个时候，重温一下当时的感受，并写下来。

无论你写什么，都是写给自己看的。如果写完后你愿意和他人分享，那么也可以，但在写的时候请不要抑制任何念头和想法，越勇敢地表达自己，你就越能从中受益。

在“虚无主义型”和“感悟幸福型”两个象限内，至少再多做两次练习。重复该练习时，你可以写同样的内容，也可以写不同的内容。然后定期回顾自己所写的内容，可以是三个月、一年，甚至是两年。

冥想幸福

正如赫伯特·本森、乔恩·卡巴特－津恩和理查德·戴维森的研究报告所指出的，有规律的冥想可以为生活带来深刻的改变，但冥想并非适用于所有人。如果这个练习或书中任何练习让你感到不舒适，就略过，然后直接进行下一个练习。

首先选择一个安静的地方，找把椅子，或盘腿坐在地上。确定自己处于舒适的姿势，但背部和颈部要挺直。至于要不要闭上眼睛，由你自己决定。

深呼吸，试着保持心态平静，每次吸气都要吸到底，在呼出时，要通过口或鼻慢慢地呼出。

用意念扫描你的全身。如果有任何部位感到紧张，就将你的呼吸传向那里，并让这个部位放松。至少保持 5 分钟（最长 20 分钟），专注于你深缓的呼吸。如果发现注意力游移，那么只要把它简单而自然地带回到你的呼吸上即可。

继续深呼吸，让积极情绪包围自己。你可以想象自己处于一个非常开心的状态中，比如和爱人共处或是在工作上得心应手的时候。用 30 秒到 5 分钟的时间，让这种积极情绪蔓延全身并在体内流动。如果经常做这个练习，那么你甚至不需要再去想象什么情景，只要想着“幸福”、“宁静”或“欢愉”这样的字眼，就能引发积极的力量。

把冥想变成规律。每天早上起床、午餐时间或午后，用 10 分钟到 1 小时的时间来冥想。在冥想成为日常规律后，你可能只需要一两分钟的时间就够了。每当你感到有压力、愤怒或者想开心一点儿的时候，只需要做几次深呼吸，就可以释放出积极的情绪。安静的地方是最理想的，不过坐火车、坐出租车或者在办公室里其实都可以。

第3章
幸福的意义

幸福是生命本身的意图和意义，
是人类存在的目标和终点。
——亚里士多德

我们都熟悉孩子们那种永无止境的好奇心：为什么会下雨？水是怎么到天上去的？水为什么会变成气体？为什么云不会掉下来？其实，有没有得到答案对他们来说并不是最重要的，当他们对身边的事物产生好奇心时，他们会一直追问下去。得到答案不是他们的最终目的，他们看重的是那句“为什么”。

有一个问题可以让所有人停止追问“为什么”，这个问题就是：为什么要追求幸福？当我们被问到想要什么时，除了幸福，我们可以问出更多的“为什么”。比如，为什么要这么辛苦地工作？为什么要赢得世界冠军？为什么要致富与成名？为什么要买好车、大房子和游艇？

当问题转为“为什么要追求幸福”时，答案其实是简单而肯定的。我们追求幸福，因为幸福是生命的一种基本需要。当答案是“因为这样可以使我幸福”时，便没有任何说法能够挑战它的正确性与终极性。幸福在所有目标中是至高无上的，其他所有目标的终点都只是通往幸福的起点。

英国哲学家大卫·休谟说过，“人类刻苦勤勉的终点就是获得幸福，因此才有了艺术创作、科学发明、法律规定，以及社会的变革”。财富、声望、地位与其他目标都不能和幸福相比，无论是物质上还是名望上的追求，其最终都是追求幸福的手段。

反思 通过不停地追问“为什么”来反思自己所追求的东西，可以是大房子、升职或是任何其他的目标，看看要问多少个“为什么”才能把你引到对幸福的追求上。

对于那些不认为幸福是最终目标的人，我想告诉他们的是，科学研究已经证明了一点，那就是幸福确实可以帮助人们在生活的方方面面取得更大的成功。在一篇研究“幸福感”的综述中，积极心理学家索尼娅·柳博米尔斯基、劳拉·金，以及埃德·迪纳指出，“幸福的人在生活的各种层面都非常成功，包括婚姻、友谊、收入、工作表现以及健康状况”。这篇综述也指出了幸福和成功之间存在强烈的相互作用：成功（无论是工作还是感情方面）可以带来幸福，而幸福本身也可以带来更多的成功（见图 3–1）。

图 3–1　成功与幸福的关系

在其他条件一样时，幸福的人拥有更好的人际关系，在工作上的表现更好，活得也更开心、更长寿。幸福是值得追求的，无论是作为目标还是达到目标的方法。

幸福是什么

当我们以为孩子对答案已经满意时，他们总会从问不完的“为什么”转到问不完的“是什么”和无穷无尽的“怎么样”。因此，为了避免出现类似疑惑，我会详尽解释“幸福是什么”和“如何才能幸福”这类问题。

我认为，幸福的定义应该是“快乐与意义的结合”。真正快乐的人，能够在自己觉得有意义的生活方式里享受它的点点滴滴。这种解释绝不仅限于生命里的某些时刻，而是人生的全过程。即使有时经历痛苦，人在总体上仍然可以是幸福的。

我们可以把这个解释与“感悟幸福型”相连：快乐代表现在的美好时光，属于当下的利益；意义则来自目标，一种未来的利益（见图 3–2）。

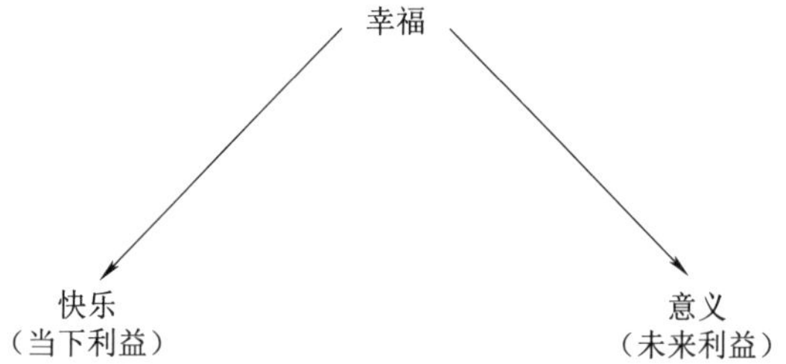

图 3–2　快乐、意义与幸福

快乐

实际上，情感在我们所有的追求中扮演着关键的角色，包括我们对幸福的追求。很难想象一个缺乏情感的生命是什么样子的。假设有一个机器人，除了没有情感，和人类一模一样，想法与行为亦无二致。它可以研究深奥的哲学，也可以推演复杂的逻辑，甚至还懂得建筑工程的知识。

这个机器人虽然精细无比，但没有表达能力。最基本的表达同样需要情感，这恰恰是它所缺乏的。机器人感觉不到食物的美味，也感受不到挨饿的痛苦或者任何饱腹的满足感。它不会去找吃的，但它的构造和人类一样，所以它很快就会饿死。

现在，让我们来改编一下机器人的程序，让它学会吃喝。虽然它现在可以生存了，但仍没有表达的欲望，声望、财富和爱情等对它而言仍然毫无意义。

情感引发行动，它赋予我们行为上的动机。我们的语言就是一种证明——情感、行为与动机都密切地关联在一起。在拉丁文里，movere（motion / 动作）代表动，前面加 e 则代表离去。动机（motivation）这个词来自目的（motive），它来自拉丁语的 motivum，其意思为动作的理由。情感把我们带离没有欲望的世界，给了我们一种动机，促使我们行动。

神经病学家安东尼奥·达马西奥所记录的一个被切除脑瘤的病人的情况，提供了一个情绪与动机之间关系的真实案例。手术后，这位名叫埃利奥特的病人的认知能力，即记忆、数学能力、感知力以及语言能力都没问题。但是在手术中，埃利奥特负责情感思考能力的脑组织受到了损伤，导致术后埃利奥特的情况和之前所说的机器人相似，他有着和其他人一样的生理机能，认知功能也没有差异，但其“感受和情感”系统受到了损害。

埃利奥特的生活从此发生了巨大的变化。手术前，他是一名成功的律师，拥有幸福的婚姻生活；手术后，埃利奥特的“理智”虽然没有任何变化，但是他的行为让周围的所有人都无法接受，他的妻子因此离开了他，他也失去了工作，而且很长时间内无法找到新的工作。最让人震惊的是，他对这一切都表现得无动于衷，包括人际关系和工作。

如果我们丧失情感，并因此失去行为的动机，我们就不再对生活存有任何渴望，也将对自己的行为与想法及其后果漠不关心。这说明，情感是动机的来源，它在我们追求幸福的过程中扮演了一个非常重要的角色。

但是，光有情感是不够的。要想幸福，我们必须体验积极的情绪或情感，因为快乐是幸福生活的先决条件。正如心理学家纳撒尼尔·布兰登所说，“快乐不是奢侈品，而是一种深层次的心理需要”。在完全没有快乐且频繁感受痛苦的生活中，我们几乎没有幸福可言。

当我提到快乐的时候，我并不是指情绪持续高涨的状态。我们都会经历情绪上的起伏，虽然生命中不可避免地会有悲伤的情绪，诸如失败或失去的时候，但我们依然可以活得幸福。事实上，期盼每时每刻的快乐只会带来失望和不满，并最终导致负面情绪的产生。幸福并不需要一直高涨的情绪，也并不是完全没有负面情绪。

一个幸福的人也会有情绪上的起伏，但他会在整体上保持一种积极的人生态度。他经常被积极的情绪推动着，比如欢乐和爱，而很少被愤怒或内疚这些负面情绪控制。快乐是常态，而痛苦只是小插曲。要想获得真正的幸福，就必须明白，无论遇到怎样的悲伤、考验或波折，我们都应该为活着本身而感到由衷的快乐并感恩。

反思 想象一下那些带给你快乐的事情，从小事情开始。

情感愉悦的生活就可以让人满足吗？仅仅体验积极的情绪就是达到幸福的充分条件吗？那么那些通过毒品获得快感的人呢？那些整天躺在沙滩上晒太阳的人呢？他们真的幸福吗？答案是否定的，积极的情绪体验是幸福的必要非充分条件。

意义

哲学家罗伯特·诺齐克在《无政府、国家与乌托邦》（*Anarchy, State, and Utopia*）中描述了一个假想的实验，帮助我们区分和分辨幸福以及纵欲带来的快乐。让我们想象有这样一台机器，可以让我们产生“写一首伟大的诗，实现世界和平或者爱人并被人爱”的感受，或者任何我们期望的快感。这台机器可以让我们感受到真实的爱，而且我们完全不会察觉到这是机器的作用。这里要问的是：如果可以，那么我们会不会一生都选择使用这台机器？另外一种问法是：如果一辈子都使用这台机器，我们会不会拥有真正的幸福？

绝大部分人都不会选择机器。原因很简单，因为我们所关心的并不只是我们内在的感受。很少有人认为只有自己的感受才重要，除了想体验快乐，人们还希望周围环境与自己的感受是一致的，所以幸福绝不仅仅是愉悦的情绪体验。

不管是通过机器还是通过毒品来逃避情感，都是生活在谎言中。在机器提供的缔造世界和平的虚假成就感与虽然简简单单但能真实地帮助他人这两者中，我相信大部分人都会选择后者。就好像有一个内在的机制告诉我们：幸福不只是快感，我们更需要这种愉悦感的来源是有意义的。我们要证实自己的行为确实能够改变世界，而不只是主观感受。

从情感上来说，人类和动物并无太大区别，像黑猩猩这种智商比较高的动物，它们的情感与人类其实是很接近的。如果没有情感（对动物来说可能用“感觉”一词更合适），我们将丧失所有动力，生命将无法维持下去。在没有情感或感觉的情况下，我们就会像机器人一样麻木。

我们在情绪的感知能力方面与动物类似，但又有本质的不同。

比如人类可以反思情感产生的原因，这是人类与其他动物的巨大差异。我们有能力反思我们的感觉、想法以及行为，我们也有能力清楚地感知我们的意识和经历。

人类和动物的另一区别是，人类是有灵性的。在《牛津英语大词典》里，灵性被称为“真切地感受到事情的意义”。动物无法过有灵性的生活，其行为的意义只限于追求满足感和逃避痛苦。

当想到有意义的生活时，我们经常谈到目标，却忽略了目标感其实比设定目标更重要。当然，有目标或者实现目标并不能保证我们必然感受到生存的意义。我们真正需要的是那些让我们从内心感到有意义的目标。

我们可以设置不同的目标，比如取得好成绩、买大房子，但当这一切实现后，我们仍然可能感到空虚。要过真正有意义的生活，目标必须是自发的，它是为了实现自我存在的意义而设定的，而不是为了满足社会标准或迎合他人的期望而设定的。当我们有这种目标感时，那种感觉就像是听到了“真我的呼唤”，它也被称为使命感。就像萧伯纳所说，“这才是生命的喜悦，那种为了源自真我的目标而奋斗的感觉”。

不同的人会从不同的事情里找到意义。“真我的呼唤”随时都有可能出现，创业、做义工、抚养子女、行医，甚至制作家具。重要的是，我们选择目标时必须确保它符合我们自身的价值观以及爱好，而不是为了迎合外界的期望。一个在工作中找到意义与快乐的投资家，一个出于正确动机的人，绝对比一个心不在焉之人的人生要高尚和有意义得多。

理想主义和现实主义

记得有一次，我问一个朋友，他内心的呼唤是什么。他说，在他的生命词典里并没有什么使命或者更高的目标，“我不是理想主义者，我只相信现实”。

现实主义又可被称为实用主义，这种类型的人被认为是脚踏实地的人。理想主义者则常常被认为是梦想家，他们把目光放在远处的地平线，来思考自己的使命和生命的目的。

比较这两种类型时，我们如果认为理想主义者不切实际或与现实脱轨，就已经产生了一种错误的分裂感。其实，理想主义的实质就是现实主义，因为理想主义的想法完全符合人性的自然。人们对意义的追求是绝对的。如果没有更高的目的、使命感或理想，我们就无法发挥全部的潜能去追求幸福。当然，我不是鼓励大家只心动而不行动（两者都重要）。事实上，多数的现实主义者，特别是那些“忙碌奔波型”的人，都忽视了一个极为重要的事实：理想主义者本身就是现实的。

理想主义的真谛在于用一个更高的目标去指引生命。当然，除了一个比较宽泛的意义，我们还需要找出这些意义的具体内涵。比方说，如果为了达成建立一个幸福的家庭或者解放受压迫的人们这样的目标，我们就需要多花点儿时间与家人共进午餐，或者参加游行示威。只靠远大的理想是无法长时间支撑我们的行动的，我们需要为下周、明天甚至今天找出有意义的事情。

反思

想想那些对你来说有意义的事，有哪些事可以给你带来使命感并且已经为你带来了使命感？你觉得生活中哪些行为和活动是有意义的？

如法国哲学家蒙田所说，“一个有使命感的生命是人类最伟大的作品”。一个明确的目标可以指引我们的方向，并赋予我们的生命意义——生命不再是支离破碎的片段，而是变成了一个有机的整体。同样，一个不可或缺的目标，就像协调每个音符的交响乐主题，让我们的行动更加协调一致。单个音符也许没有特别的意义，一旦成为交响乐的一部分，就会奏出无比动人的曲调。

潜力与幸福

当想到对自己最有意义的生活时，我们需要同时考虑如何充分发挥自身的潜力。奶牛可以在牧场里开心地过一辈子，人们却不能仅仅满足自己生理上的需求。我们内在的力量要求我们做得更多，充分发挥我们的潜力。哲学家伯特兰·罗素说过，“真正令人满意的幸福总是伴随着充分发挥自身的才能来改变世界”。

这并不意味着最有影响力的人只有成为总统或首相才能幸福，或者具备商业天赋的人只有成为亿万富翁才能快乐。成为总统或亿万富翁只是潜力的一种表面证明，我所说的是潜力的内在标准。一个有潜力做总统的人完全可以开开心心地做一个古代梵语研究者，那个有亿万富翁潜力的人也可以高兴地当一名记者。只要他们从内心感受到工作的挑战性，感受到自己的潜力得到了充分发挥就可以。

反思　哪些事可以挑战并充分发挥你的潜力？

成功与幸福

有些人常常思考，舍弃地位和财富而注重追求快乐和意义，会不会以牺牲成功为代价；如果好成绩和好学校不再是动力，那么学生们会不会丧失学习兴趣；或者，如果升职和加薪已经不能再吸引员工，他们会不会因此不再努力。

我在努力向“感悟幸福型”转变的过程中，也经常考虑它是否会影响我的成功。“一分耕耘，一分收获”曾经是我的座右铭，它帮助我取得了很多成功。我也曾为自己的决定担心，担心自己会中途放弃这一目标，担心自己会怀念“忙碌奔波型”的生活。但实际上，接下来所发生的一切完全相反。

从“忙碌奔波型”转变为“感悟幸福型”，并不代表做得更少或者热忱减少，它的意义在于将正确的事情做得更好，即那些对现在和未来都有益处的事情。同样，从“享乐主义型”转变成“感悟幸福型”，快乐也不会减少，不同的是，要学会适当地享乐而不是无止境地放纵。幸福的人不会接受“一分耕耘，一分收获”的观点，因为他不但享受着他所做的一切，同时也在朝着自己的目标努力，这样的人往往会取得更大的成就。

对意义和快乐的需求

只有快乐不足以达到幸福的境界。同样，只有目标也不够。首先，无论目标多么伟大，长期坚持同一件事都是非常困难的，如果过程中没有快乐，我们便难以持久地坚持目标。对光明未来的预见通常只能在短时间内成为我们行动的动机。其次，有些人也许可以忍受没有及时满足的痛苦，就像“忙碌奔波型”的人一样，但他们一定是不幸福的。

在《活出生命的意义》(*Man's Search for Meaning*) 一书中，维克多·弗兰克尔 (Viktor Frankl) 讨论了大屠杀生还者在生命里找寻意义的过程。虽然他们在集中营里经历的每一天都是惨无人道的，身心遭受了巨大的伤害，但其中有些人却在那里找到了生命的意义，找到了目标感：有些人期待有一天能与亲人重逢，有些人则想着将来要把这段历史公之于众。当然，据此推断他们在集中营里是幸福的，显然是十分荒谬的，因为幸福不仅仅是有意义。我们需要意义，也需要快乐；我们需要在当下获益，也需要在未来获益。

我对幸福的理论阐述主要基于弗洛伊德和维克多·弗兰克尔的快乐原则。弗洛伊德认为追求快乐是人类的本能。弗兰克尔则认为，人类意志力的原动力来自意义，而不是快乐。他说：“人类最大的动力，来自对生命意义的追求。”在对幸福的追寻中，他们各自说对了一部分。如果想要拥有充实而幸福的生活，就必须去追求快乐和意义两种价值，缺一不可。

美国人经常因为过分痴迷追求幸福而受到批评。例如提供简易解决方案的励志书籍，介绍避免劳苦人生的秘诀，此类书籍的销量令人震惊，而精神科医生碰到情绪失调的病人就只会开处方药。当然，这类批评有一定的合理性，但是这种痴迷，其实不是对幸福的痴迷，而仅仅是对快乐的痴迷。

一些简易的自助方法经常会让我们忽略长期的快乐以及我们对意义的追求。真正的幸福不代表对不安情绪或困难生活的免疫，药物治疗和励志小册子则在根本上避开了这些问题。幸福的人一样要去面对困难，克服生活里的种种障碍，就像弗兰克尔所说的："人类需要的不是一个没有挑战的世界，而是一个值得奋斗的目标。我们需要的不是免除麻烦，而是能够发挥出我们真正的潜力。"随着现代精神病学的发展，越来越多的人开始接受药物治疗。当然，有很多病例确实需要药物治疗，但让我担忧的是，药物治疗如此方便，以致随着症状消失的也许还包括我们对意义和快乐的追求。

此外，经历困难可以让我们更加珍惜快乐，不再认为快乐是理所当然的，同时对生命中大大小小的欢乐心存感激。对生活心存感激本身也是生命意义和快乐的重要来源。

意义和快乐，就像短期利益和长期利益一样可以相互促进。当我们对自己的行为心存使命感的时候，我们将获得更大的快乐；而在我们从事的工作中找寻快乐，也可以加深其意义。

反思　回想一下你曾经遇到的困难，你从中学到了什么？你在哪方面得到了成长？

真正的幸福

人们有着不同的喜好，或对同样喜好的爱好程度不同。打个比方，写书对我来说既快乐又有意义，但如果每天写作超过 3 小时，写作就变得乏味了。每星期看两部电影可以让我快乐，但如果每天让我 4 小时盯着大屏幕，我就受不了了。就算是有意义和快乐的事，也不能不停地做。

还记得“汉堡模型”吗？现在来看“千层饼模型”，它让我们明白每个人享受不同活动的能力是有限的、独特的。千层饼是我的最爱，每次去看父母的时候，妈妈都准备很多，我会把它们一扫而光，但这并不表示我每餐都想吃千层饼。同样的道理也可以应用在其他事情上，比如写作和看电影，以及我喜爱的人。虽然我的家人对我来说是最重要的，但每天和他们相处 8 小时并不一定是最幸福的事；相反，有时不和他们在一起，也不代表我就不爱他们了。虽然和朋友相聚既快乐又有意义，但我还是需要独处的时间。选择正确的活动并合理安排时间，可以大大提高生活的质量。

增强幸福感最好的方法就是尝试、汲取经验，同时关注内在感受。大多数人都忘了问问自己的内心，只是因为太忙了。就像梭罗所说，“生命并不长，别再赶时间了”。如果总是马不停蹄地前进，就等于只是简单地对每日的生活做出反应，却没有给自己足够的空间去创造真正的幸福。

亚伯拉罕·马斯洛坚信，“一个人如果不能时刻倾听自己的心声，就无法明智地选择人生的道路”。现在我们花些时间，问自己一些可以帮助我们做出人生选择的问题：我做的事情对我有意义吗？它们能给我带来乐趣吗？我的内心是否鼓励我进行不同的尝试？我的内心是不是提醒我需要彻底改变目前的生活？我们必须留心去听，倾听我们的内心和头脑中不同的声音，即情感和理智。

练习

人生地图

虽然内心和思想都很难度量，但我们还是可以对自己的幸福做出评估，并思考如何才能变得更幸福。我们可以从记录每天的事项开始，写下它们带给我们的快乐和意义。

每天花一点儿时间记录当天的生活，可以帮助我们找到自己的幸福模式。比如，我们可能会发现自己把大部分时间都用在那些在未来会让我们获益但我们并不享受的事情上，或者做了太多既没有意义又不快乐的事。据此，我们就可以为自己的生活做出更好的规划。

虽然有一些可以帮助人们获得美好生活的基本原则（比如说找寻快乐与意义），但绝对没有一个普遍的方法。人类是多元化、复杂而各不相同的，每个人都是独特的，活在自己的世界里。通过记录自己的生活，我们可以超越那些基本原则，发现自己独特的需要。

用一两个星期的时间，把自己的日常作息记录下来。在每天结束前，写下你是怎么利用时间的，花 5 分钟回复电子邮件或看两小时的电视都可以。这个练习不需要特别精确的回忆，它所提供给你的只是一个整体的回顾。

在每个星期结束时列一张表，表中包括你所做的事情，它们所带来的意义和快乐，以及你所花的时间（你可以为它们带给你的快乐与意义评分。比如，–5 分是最低分，而 5 分为最高分）。在所用时间旁边，注明你希望以后用更多时间还是更少时间在这件事情上。如果希望用更多的时间就写个“+”，希望用很多时间就写“++”，希望减少用时就写“–”，保持当前时长就写“=”。（见表 3–1）

表 3-1　日常作息回顾

活动	意义	快乐	时间 / 周
和家人相处	5	4	2.2 小时，++
工作上的会议	4	2	11 小时，=
看电视	2	3	8.5 小时，–

诚实的镜子

在一张表格中写下对你而言最有意义和最快乐的事。表格中可以包括家庭聚会、运动、听音乐等等。

在每一项旁边写下你在每件事上所花费的时间。无论有没有以上表格，都问一下自己：你的生活是否体现出了你最大的价值？你是否和家人快乐地相处？是否每星期运动 3 次？有没有抽出时间欣赏音乐？

这个练习就像生活的一面镜子，可以帮助我们对自己保持诚实，在日常生活中体现自己的最大价值，因为更高的自我一致性可以带来更多的幸福感。其实有很多时候，我们在“知”和“行”上有很大出入，在做这个练习的时候，最好能和一个熟悉并关心自己的人一起完成，让他来帮助你更坦诚地面对自己的内心。

应该在我们觉得有价值的事情上花多少时间，完全取决于个人的观点和可行性。比如家庭对我来说最重要，但这并不代表一定要放弃自己的爱好而把所有的空闲时间都用来陪伴家人（和千层饼例子所体现的道理一样）。对于一个需要做两份工作来维持生计的人，即使他陪孩子的时间不多，他也能在生活中实现他的最大价值。

通常，我们会因为一些内在的或外来的干扰而远离了幸福，而这些事情，比如习惯、恐惧、他人的期望等，往往是可以控制的。时间是如此稀缺而宝贵的资源，只有当我们学会开始向一些没那么重要的事情说“不”时，我们才能对那些最有意义和价值的事情说“是”。

请经常重复做这个练习，因为深刻的改变不是一朝一夕的事，重要的是要把你的活动规律化、习惯化。在养成新习惯之余，你可以尝试改掉不良习惯，比如上网，每天应设定一段不上网的时间。现代人花太多的时间在电脑上，每隔几分钟就检查电子邮箱，这会严重影响我们的工作效率和创造性，最终影响我们的心情。我们也可以设定一些“无电话”与“无会议”的时间段，这样我们可以更专心地做眼前的事情，无论是工作还是与朋友聚会，等等。

第4章
幸福才是人生的终极财富

将要直面的，与已成过往的，
较之深埋于我们内心的，皆为微末。
——爱默生

玛瓦·柯林斯是芝加哥市的一名教师。我们知道，芝加哥市中心曾是毒品和犯罪的温床，由于这种恶劣的社会环境，许多教师担心这里的儿童无法逃离持续了几个世代的贫困与绝望。

1975年，柯林斯在她所居住的社区里创建了城西预备学校，她的学生大部分来自同一社区，都是由于品行恶劣或成绩不良而被学校开除的学生。所以，柯林斯办这个学校的目的是为帮助他们重新回到正常学校做准备。城西预备学校，其实是这些孩子流浪街头前的最后希望。

之后，这些曾被认为无法教育的学生已经开始阅读莎士比亚、爱默生和欧里庇得斯的作品。那些被认为无药可救的孩子后来几乎都考上了大学。柯林斯的学生们证实了她的信念——每一名学生都有成功的潜力，他们能够树立自信心，设想自己充满希望的未来并努力实现。

玛瓦·柯林斯成立学校时没有什么资金，开始时还用她自己的家作为教室。在后来的20年里，她因经济拮据而数次面临学校倒闭的危机。如今，美国很多州都相继创建了玛瓦·柯林斯学校，世界各地的教育家也都蜂拥前往芝加哥学习她的教育方式。

柯林斯的经历告诉我们，幸福感才是人生的最高目标。柯林斯说，她本来在“一家资产数十亿、人人都可能获得巨额财富的集团”工作，她不止一次问自己，是什么使自己想成为一名老师。当她与学生蒂法尼互动时，她找到了答案：

> 蒂法尼是一个有自闭症、不爱说话的孩子，一个被专家们认为无法被爱、被教育的孩子。然而，突然有一天，我长久以来的耐心、祷告、关爱和决心有了回报。蒂法尼对我说的第一句话是：“我爱你，欧林斯（Ollins）太太。”她漏掉了我的姓氏Collins里的C，但我当时唯一的感受是：光是那双小眼睛里的泪水就足以使我成为世上最富有的人。现在，蒂法尼开始学习数字、单词，也开始与人交谈。最重要的

是，她眼神里喜悦的神采，仿佛在说“我也是很特别的，我也可以学习”，这对我来说比什么都有价值。

对于另一个在城西预备学校改变命运的孩子，柯林斯写道：“看着他眼里那种可以在未来照亮世界的光芒，我忽然感觉，那些为了资金问题而失眠的日子都是值得的。”

玛瓦·柯林斯本可以过着很风光的日子，大可不必担心学校经费乃至倒闭等问题。20 世纪 80 年代，里根和布什政府都曾邀请她出任教育部部长，面对如此高的荣耀和声望，她拒绝了，因为她相信，只有课堂才是她真正能够创造出奇迹的地方。

柯林斯觉得自己是“世上最富有的女人”，她认为教学带给她的快乐是“任何钱财都买不到的”。对她而言，人生的终极财富是幸福，而不是钱财或声望。

反思　对你而言，什么比财富更重要？

一切都为了幸福

当我们衡量商业成就时，我们的标准是金钱。我们用金钱去估计资产和债务、利润和亏损。在这一过程中，所有不能转换成金钱的部分都被认为与公司的价值无关。当我们衡量商业成就时，金钱就是终极财富。

人和事业一样，也有利润和亏损。但不同的是，衡量人生成就的标准既不是金钱，也不是名誉、声望或权力。衡量人生成就的标准应该是幸福。

金钱和声望在幸福面前并没有固定的价值，但为什么它们的魔力如此之大呢？这是因为有些人认为它们可以带来幸福。金钱和声望本身是没有价值的，如果无法带来任何幸福，那么没有人会去追求它们。好比在商业中，资产只有在换算成钱时才有价值。同样，声望和金钱都只是实现幸福的手段。

对某些人来说，把幸福作为终极财富和衡量标准，似乎有点儿戏剧性。举一个极端的例子，在 100 万美元和与好友交谈之间你会选择哪个？我们应该选择可以让自己更幸福的那个。如果与友人的谈话给你带来的快乐和意义超过了那 100 万美元，那我们就应该选择后者，因为如果以幸福作为衡量标准，那么后者更有价值。

将谈话与金钱的价值进行比较，可能有点儿像把苹果和橘子做比较。但是，我们可以通过把它们和幸福这一最终标准进行比较，决定哪一个会让我们更幸福，由此在这些似乎不相关的选择中做出判断。

当然，在 100 万美元和交谈之间做选择确实不是简单的事。

在上面的选择中，如果只是因为我更享受与朋友谈话的感觉，那么金钱不算什么，但这个理由并不充分。一大笔钱可以给你带来安全感，很有可能帮助你免除未来的烦恼。有了这些钱，你也会有更多的自由和机会从事你觉得有意义的事情。但是在仔细考虑后，如果与朋友谈话确实可以给你带来更多的快乐和意义，那它的价值就可能超过了那 100 万美元。正如心理学家卡尔·荣格所说，“有意义的事即使价值再小，也比无意义的事有价值”。

想象一下以下情节：一个金星人走进一家地球人的商店，要买一件 1 000 美元的物品。她给老板两个选择，收 1 000 美元或一张金星币，而这张金星币相当于地球上的 100 万美元。老板想，我永远不会去金星，所以这张金星币在地球上没有任何价值。这时，除非老板考虑其纪念收藏价值，否则他一定会选 1 000 美元。

同样，100 万美元只有在终极财富的衡量标准里，才能达到其真正价值。在商业中，我们用资产的现金价值来衡量公司；对个人而言，幸福感应该是我们衡量人生成就的唯一标准，因为它是所有目标中的最终目标。

金钱与幸福

除了可以提供基本的食物和居所（不是指鱼翅和别墅），金钱只是实现幸福这个目标的一种手段。有趣的是，我们经常搞不清楚目标和手段的区别，而往往通过牺牲幸福（目标）来换取金钱（手段）。

当社会上普遍认为财富的积累才是人生目标的时候，我们就很容易犯这类错误。并不是说赚钱或存钱是错误的，物质上的富有可以帮助个人甚至社会得到更多的幸福。金钱上的保障，可以让我们向不喜欢的工作说“不”，或者不为账单而烦恼。同时，赚钱的欲望也可以成为积极的挑战，甚至给我们启发。但是，金钱本身并没有价值，只是因为它可以带来一些快乐的体验，物质本身并不能给生命带来意义或精神上的财富。

研究显示，财富与幸福之间的关系不同于我们通常的认识。在不同文化背景下所做的幸福调查中，心理学家戴维·迈尔斯（David Myers）发现，幸福与财富之间的关联性非常低，唯一的例外是在一些极为贫困的地区，这些地区连基本的生活条件都得不到满足。此外，还有报告指出，在过去的50年里，许多国家的人都越来越富有，但幸福指数不仅没有提升，反而下降了。

诺贝尔经济学奖得主丹尼尔·卡尼曼（Daniel Kahneman）近几年也将注意力转移到有关幸福的研究上。在他的研究中，卡尼曼几乎没有找到幸福和财富之间的必然联系。

大部分人会认为高收入等于快乐，但事实上这个说法是极为虚幻的。高收入的人会对生活比较满足，但不会因此比其他人更幸福，他们甚至更容易紧张，也不太会享受生活。收入对生活的影响是短暂的。我们认为，人们之所以会过度宣扬收入是幸福的标准，是因为他们用传统的视角衡量自己以及他人的生活。

令人惊讶的是，许多人在富有之后居然比在努力致富的过程中还要沮丧。“忙碌奔波型”的人认为，他们的行为可以为将来带来好处，这样想可以减少他们的负面情绪，然而一旦达到目标，发现所得到的依然无法使自己快乐时，他们就无法超拔了。这时，他们会灰心、绝望，因为没有目标他们就失去了对幸福的期待。

许多成功的人都经历过萎靡不振，他们甚至因此而酗酒或吸毒。矛盾的是，他们在实现渴求的成功后反而更不开心。在成功之前他们可能也有过不开心的日子，但他们一直相信，只要成功了就会得到幸福；可是当他们达到目的时才发现，原来所期望的幸福根本就不存在。此时，他们感到自己的幻想（物质和地位可以带来永久的幸福，这也是很多普通人的幻想）破灭了，继而陷入“现在怎么办”的迷茫中。在发现所有的努力和牺牲并不能带来幸福后，他们一个个都掉进了“习得性无助”的深渊，接着成为“虚无主义型”的典型，一些人认为世上再没有任何东西可以给自己带来快乐，于是去找寻另外一些毁灭性的消除痛苦的方法。

既然物质财富无法使人幸福，那么我们为何仍对它如此痴迷呢？为什么获得财富可以超过寻找生命的意义呢？为什么我们以物质为标准做决定时可以那么自然，而以内心的幸福为标准的时候却这么困难呢？

从进化的角度看，有可能是人类远古的历史影响了我们现在的行为。在原始时代，更多的物质资源决定着人类是否可以度过下一个严冬或免受自然灾害，因此储备成为一种习惯。时至今日，很多未来已经相当有保障的人仍然在拼命储蓄。储蓄不再是为了生存，而仅仅是为了储蓄。我们不再为生活而储蓄，而是为储蓄而生活。

在做决定和判断的过程中，人们通常也习惯性地先考虑物质，主要原因是物质容易计算。我们习惯性地对物质做出评价，比如财富和声望，而非基于难以衡量的情感或意义。我们所羡慕的只是物质。有钱人因为他们的财富被尊敬，就好像物质变成了唯一标准。我们会用物质收入衡量我们的成果，例如我们“赚了”多少钱。就像劳伦斯·博尔特（Laurence G. Boldt）在《禅宗与生活的艺术》（*Zen and the Art of Making a Living*）里说的，“社会教给我们的道理就是物质至上，只在乎那些可以‘计算’出来的东西”。房子的价值可以用钱衡量出来，而我们对家庭的爱不行。莎士比亚的《哈姆雷特》在书店可能仅卖10美元一本，但它给每个人带来的价值是无法用金钱来衡量的。

反思

你会不会因为过分在意财富或名望，而影响自己的幸福感呢？如果答案是肯定的，那么它是如何影响的？

幸福大萧条

就在我们不断累积物质财富的时候，我们的终极财富却面临着破产的危机。就像公司会破产一样，心灵也有可能破产。有收入，公司才能维持经营，但前提是收入必须超过支出。

在看待自己的生命时，你可以把负面情绪当作支出，把正面情绪当作收入，当正面情绪多于负面情绪时，我们在幸福这一“终极财富”上就赢利了。长期的抑郁也可以被看成是一种情感破产——负面情绪持续的时间和强度完全压制了正面情绪。

整个社会也有可能面临这种问题（例如情感大萧条）。如果个体的问题不断增多，焦虑和压力的问题越来越多，社会就会逐渐走向幸福的“大萧条”。就在科学和技术大步向前迈进的同时，我们在情感和情绪方面却在不断倒退。

不幸的是，这种形势目前没有任何改善的迹象。将近 1/3 的美国青少年有情绪低落问题。美国、欧洲、澳大利亚以及亚洲的报告都指出，当今孩子的焦虑和抑郁问题比起以往任何一代人都严重得多，这种趋势存在于各个文化与经济阶层中。

在《情商》（*Emotional Intelligence*）一书里，作者丹尼尔·戈尔曼（Daniel Goleman）指出，在 20 世纪，每一代人的心理压力指数都高过他们父母那一辈——不光是指沮丧，还有其他症状，诸如无精打采、颓废、自怨自艾及强烈的绝望感。戈尔曼提到的正是当今社会越来越普遍的情感破产症状。所谓强烈的绝望感（虚无主义）来自人们对自身的绝望，觉得自己根本无法克服这种情绪状态。

如戈尔曼所说，“焦虑的时代”曾是 20 世纪的别称，到了 21 世纪，它已经开始转变为“哀伤的时代”。在《活出生命的意义来》一书中，维克多 · 弗兰克尔称，20 世纪一个常见的现象就是“存在虚无”，并且指出他有 25% 的欧洲学生以及 60% 的美国学生感到自己就活在这种“存在虚无”中，那是一种从内心产生的空虚感。

今天的情况比弗兰克尔在 1950 年写书时更为严重，早先的一项研究证实了这一点。1968 年，针对美国大学新生所做的调查显示，41% 的人想赚大钱，83% 的人想要追求有意义的生活。这个情况在 1997 年时反过来了，75% 的人选择赚大钱，而只有

41% 的人想追求有意义的生活。越来越多的人将物质放在首位，越来越多的人感受不到幸福，社会整体所面临的情感破产危机显得更加严重。

情感破产危机会带来一系列社会问题，包括吸毒、酗酒以及宗教狂热。其实不难看出吸毒者的逻辑：生活乏味、压力大，而毒品可以帮助他们逃避现实。同样，在这种情况下，如果有人利用宗教力量蛊惑人们成为狂热分子去做疯狂的事也就不足为奇了。

幸福从来都不是奢侈品，也不是必须在个人及社会问题都解决之后才能追求的东西。提升幸福感不仅能改善个人的生活质量，也能让世界成为一个更和平、更美好的地方。

练习

完形练习

“完形练习”这个方法是心理治疗师纳撒尼尔·布兰登最早提出的，他被公认为“自信理论之父”。通过在某个不完整的句子后创造多种可能的结尾，这个简易的方法可以帮助人们思考和领悟自己的生活，从而带来有意义的转变。

这个练习有几项规则。首先，很快想出 6 个或更多不同的结尾，然后把它们填写在不完整句子的后面。你可以用写的方式，或者把自己的话录下来。要记住，答案是没有对错的，你的答案甚至会相互矛盾，请暂时把你的批判精神放一边，事后再去反思。在写下你的答案后，看看自己有没有从中学到什么。你有可能需要多试几次才能发现它的效果。

如果你学到了什么新东西，记得要将它们付诸行动。虽然填写句子的练习是意识和潜意识共同参与的，但有意识的思考将帮助你收获更多。

以下是一个练习举例：

如果我可以对我的生活多 5% 的觉察……

我将发现经常说“是”的代价。

我将无法避免困难。

我将更珍惜我的家人。

我将更珍惜我的生命。

生活有可能会变得更艰难。

我将花更多的时间和家人在一起。

我将会对我的员工好一点儿。

以下是我从布兰登的范例中列出的几个需要补充的句子：

如果我可以对我的生活多 5% 的觉察……

让我开心的事情是……

如果我的生活可以增加 5% 的幸福感……

如果我更多地担负起满足自己内心需要的责任……

如果我可以将生活的完整性提高 5%……

如果我可以直接说“是”或“不”……

如果我深呼吸，用心体会幸福的感觉……

我开始了解到……

重复地做几次这个练习，你可以连续练习 15 天，或者在接下来的 6 个月中每周练习一次。你可以一次做完，也可以分开来慢慢做。如果有某个主题让你产生了特别的共鸣，那么你也可以一直重复。只要坚持做下去，你就会发现它对你很有帮助。

打造出你的幸福地图

看看上一章练习里的那个表格，根据你所收集的资料，打造出你觉得理想的一周。你头脑中的想法越具体、越形象，就越可能实现。信念，通常就是自动实现的预言。

你如果想和家人多相处一些，比如说每周 8 个小时，就把它写下来。如果你想少看一点儿电视，就把你认为适当的时长写下来。你也可以写下其他所有你想做的事。这些事情越真实具体越好，因为太过理想的事情，比如每周花 20 个小时看小说，可能会和你的实际生活发生冲突而难以执行。

想想看，是否有一些你能做却没有做的事情可以给你带来幸福？每周去看一次电影是否会带给你快乐？每周花 4 小时做你喜欢的事，每周外出 3 次，能让你更幸福吗？

如果你的生活确实很忙碌而无法做太大的改变，你就量力而行吧。那些“幸福催化剂”（那些简短但可以为当下和未来带来收益的事情）是你可以考虑去做的吗？如果每天早上必须乏味地坐一小时车去上班，就试着找一些有意义和快乐的事吧，比如听听音乐，或者在搭乘火车的时候静静地阅读。重点是，在你期望的改变上养成习惯。因为，随着时间的流逝，我们的生活也会随之发生这样或那样的改变。通常，我会建议定期重复以上所有练习，包括本书第 3 章的表格。注意自己的进展、变化，以及需要再加强的领域。

第 5 章
设定幸福目标

在一个惬意的环境中被动地生活所感受到的快乐，
远远比不上那种有激情地投入有价值的活动中，
以及为目标而奋斗所能体验到的满足感。

——戴维·迈尔斯、埃德·迪纳

在我 16 岁开始意识到追求幸福的重要性时，我所理解的真正幸福就是我必须先达到一个无欲无求的境界——不再有需求与渴望，不再有使命与目标。因为我曾经渴望的目标（比如赢得冠军）不但没有带给我幸福，反而让我苦恼，几乎让我精神崩溃。我用了几年的时间才发现，原来有目标并不是问题，关键是目标是什么样的，以及那些目标在我生命中所扮演的角色。

时至今日，我可以肯定地说，做一个幸福的人，必须要有一个明确的可以带来快乐和意义的目标，然后努力地追求。但在开始探索如何设定一个适当的目标前，让我们先看看目标与成功的关系。

目标与成功

从整体而言，有目标的人的成功概率要比没有目标的人大得多。具有挑战性的明确的目标（设定了时限和具体的成果）通常会带来更好的表现。设定目标就是用语言给自己一种承诺，而承诺本身会给我们带来更好的未来。

心理学已经证明了目标和成功之间的关系，这一点也已经被我们自身的经验反复证明。在英语的语源学里，“concept”（概念）和“conceive”（构想）的近似关系并非偶然。通过概念，通过语言，我们才能有所构思，新的现实才能显露。在《希伯来圣经》中，上帝用语言创造了世界，他说要有光，就有了光。《约翰福音》中开始的部分是“太初有道”。同样，美国也以宣言的方式建国，通过语言表达了国家的目标、任务和价值观。

目标向我们传达了一种克服困难的信念。把你的生命想象为一个旅程，你背着背包前进，忽然出现了一堵墙，阻挡了你的去路，你该怎么办？你是转身避开，还是把你的背包扔到墙的另一头，然后想办法穿过、绕过或翻过它？

1879 年，托马斯·爱迪生宣布，他将在年底公开展示新发明——电灯。事实上，他之前的实验都是失败的，但他的做法就好像把背包扔到了墙的另一头。虽然他还面临很多的问题，然而在那年的最后一天，他真的成功了。1962 年，肯尼迪总统向全世界宣布，美国将在 20 世纪 60 年代末把人类送上月球。当时甚至连一些太空船所需的材料都没有被发明出来，技术方面更是完全不到位，结果他把自己以及美国国家航空航天局都推到了挑战的面前。“没有退路”让人类又一次取得了成功。虽然口头上的承诺不一定保证目标实现，但它确实可以增加成功的概率。

威廉·H. 默里是苏格兰一名登山家，在《苏格兰人的喜马拉雅探险》（*The Scottish Himalayan Expedition*）中，他提到了把背包扔过去的好处：

> 一个人在下决心之前容易犯犹豫不决的毛病，容易退缩，效率降低。但重要的是，当你真正决定兑现承诺的时候，命运也会开始帮助你。如果不清楚这一点，再好的想法与计划也将付诸东流。当开始为自己的承诺付诸行动时，人们会发现，他们的运气变得出奇的好。我相当欣赏歌德的一句话：“无论你能做什么，或者你想做什么，行动吧！勇气本身就包含了智慧、奇迹和力量。”

一个目标，一个明确的承诺，可以让我们集中注意力，帮助我们找到达到目标的路线。目标可以简单到买电脑，也可以复杂到攀登珠穆朗玛峰。心理学家告诉我们，信念是一种会自动实现的预言。而当我们下定决心，把背包扔过墙头时，我们事实上已经相信了自己，相信了自身的能力。我们可以去创造现实，而不只是对现实做出被动的回应。

反思 回想一下，你是否曾经承诺做某一件事？你当时承诺的后果是什么？你目前对自己的承诺是什么？

目标与幸福

实验研究和经验性的证据已经清楚地显示出目标和成功的关系，而目标和幸福的关系则不是那么明显。传统的智慧告诉我们，幸福就是达到目标。但是，几十年的研究结果却让这种信念受到了严重的挑战：一个人在实现目标之后会感到满足，无法实现时则容易失望，而这些感觉其实都很短暂。

心理学家菲利普·布里克曼（Philip Brickman）及其同事的研究表明，乐透大奖得主在短短一个月的时间里，就已经回到了他们之前的幸福感水平——他们如果在中奖前是不快乐的，就会回到不快乐的状态。同样，因车祸致残的人，在短短一年内就可以回到车祸前的快乐心态。

心理学家丹尼尔·吉尔伯特（Daniel Gilbert）继续拓展了此项研究，他发现人类对于未来情绪的预知能力是非常有限的。我们通常会认为一栋新房子、一部好车、职位晋升或加薪等就可以使我们幸福，事实上，这些事情只能短暂地影响我们的整体幸福感。负面经历的影响也是一样的，如感情破裂的痛苦、失业等，而我们也会很快回到之前的心态。

以上研究除了挑战传统的认识，还带来了两方面消息：好消息是我们不再那么害怕失败，坏消息则是成功似乎也变得不再那么重要了。如果真是这样，那么我们就不需要再去努力实现目标或追求幸福了，我们的生活就会成为比尔·默里在《土拨鼠之日》（*Groundhog Day*）那部电影中描述的，或者就像西西弗斯劳而无功、不停地爬山的遭遇——不停地回到原点。

难道我们只能选择要么继续相信自己的幻觉（达到目标时就能使自己幸福），要么面对残酷的现实（无论我们怎么做，都无法获得真正的幸福）？幸运的是，我们还有第三种选择。之前的问题在于，无论他们是“虚无主义”的名人，还是满怀抱负的无名小卒，他们的方向都错了——他们不是只看结果、不管过程，就是只顾目的地、不顾旅程。理解了这一关系，我们的目标就可以带来更多的幸福感。

目标很有意义

罗伯特·M. 波西格（Robert M. Pirsig）在《禅与摩托车维修艺术》（*Zen and the Art of Motorcycle Maintenance*）中提到了他和一群老僧人攀登喜马拉雅山的故事。虽然波西格是成员中最年轻的，但和那些老僧人相比，他反而是爬得最辛苦的。

因为波西格只把注意力放在尽快登上山顶上，总是被前面的山路影响，无法享受攀登的乐趣，最终失去了攀登的愿望和毅力。老僧人们当然也想登上山顶，但爬到山顶并不是第一要务，他们在确定正确的方向之后，就开始轻松愉快地享受着自己的路途，而不会被前面的山路困扰。

目标的作用是帮助我们解放自我，这样我们才能享受眼前的一切。如果我们盲目地踏上任何旅途，那过程本身肯定不会有什么乐趣。如果我们不知道方向，甚至连自己要去哪里也不知道，那人生中每一个岔路都会变得非常矛盾——似乎向左向右都没错，我们不知道方向，也不知道每条路的终点。那样我们将无法享受旅途本身和风景等美好的事物，只会被犹豫和迷惑吞噬——我这么走可以吗？我在这里转弯会走到哪里去？所以，只有当我们确认目标之后，我们才能把注意力放在旅途本身上。

我的上述理论的重点是要有目标，能否实现它则在其次。在“积极情绪的作用”一文中，心理学家戴维·沃森（David

Watson）强调了旅途的重要性，“当代研究指出，为实现目标而奋斗的过程，比达成目标更能带来幸福和积极的情绪影响”。设定目标是为了让我们享受眼前，目标是意义，不是结局。

目标是意义，不是结局。如果想保持幸福感，就必须改变我们通常对目标的期望：与其把它当成一种结局（相信它可以使我们开心），不如把它看作意义（相信它可以加强我们旅途中的快乐感受）。当目标被认可为意义时，它才会帮助我们规划旅途中的每一步；而当目标被认为是结局时，它带给我们的只会是无尽的困难和挑战。正确的目标认知，带给我们的是一种安宁。

目标是获得幸福的必需品，但它并不是全部。我们一定要明白，除了目标本身必须是有意义的，它在旅途中带给我们的快乐也是不可缺少的。

反思 什么样的目标曾经在你的生命中带给你幸福？你认为什么样的目标可以在未来带给你幸福？

是不是所有的正确目标都可以带来同样的幸福呢？金钱是否有意义，而声望是否可以带来快乐呢？其实，对物质的追求和需要被关注的心态都是人类的本能反应，对一些人来说，这甚至是最重要的。既然这样，那么在追求幸福的过程中只注重财富和名声是不是就够了呢？

在对目标和幸福的研究中，肯农·谢尔登（Kennon Sheldon）和同事们指出："对于追求幸福的人来说，我们的建议是，去追求包括成长、人际关系和对社会有贡献的目标，而不是金钱、美貌和声望。对后者的追求，通常是被迫的、有压力的。"虽然大部分人都在追求金钱、美貌和声望，可能有的时候还是被迫的，但是谢尔登指出，我们如果把目标重点放在自我和谐上，就会更快乐。这方面的研究能够帮助我们通过更好地设定目标来实现人生的快乐和意义，让我们的潜能最大限度地发挥出来。

自我和谐的目标

自我和谐的目标，是我们出于深刻的个人信念，或强烈的兴趣而追求的目标。这些目标按照谢尔登与艾略特所言，是从"整合自我"生出的"自我直接的选择"。这些目标必须是主动选择的，而不是被附加在我们身上的；必须产生于散发自我光辉的愿望，而不是为了炫耀。这些目标是有因果关系的：追求这些目标，并不是因为他人觉得你应该这么做，也不是出于责任感，而是因为它们对我们具有更深层的意义并且能够带给我们快乐。

研究也指出，那些外在目标的意义，比如我们在社会上的声望或银行存款，与我们内在目标的意义，比如个人成长或与他人的关系，有着显著的不同。财富上的目标通常不是出于自我和谐，而是出于外在因素。大部分追求财富的人，为的是满足自身对金钱和社会地位的虚荣心。

在一项关于“美国梦的黑暗面”研究里，蒂姆·卡塞尔和理查德·瑞安指出，如果在生命中只以追求财富为目的，那么这带来的只有负面的后果。而且这些只追求财富的人通常也没办法充分发挥他们真正的潜能，他们比其他人更有压力，更容易沮丧和焦虑。在身心合一方面，他们显得不健康，缺乏生命力。其他研究人员也得出了一样的结论：“在新加坡商业学院的学生中，那些内心看重物质价值的人，其自我实现度、生命力和幸福感普遍较低，更多的是焦虑，并且健康不良状况频发。”

心理学家并不是说我们完全不应该追求物质和声望，这样是违背现实的。他们也不是说物质不重要，食物、住所、教育和其他基本需要当然重要。但是，在基本需要之外，如果以追求幸福为前提，财富和声望就不应该是我们所追求的核心。

虽然财富常被认为是外在目标，但在一些情况下，它也可以是自发性目标，前提是它必须对我们的幸福有贡献。有些人赚大钱并不是要真的用到每一分钱，有时是因为它是努力的回报，也可能是因为它证明了自己的实力。在这些情况下，财富代表了个人成长的结果，而不只是累积的数字。

在另一种情况下，财富也可以是发自内心的目标，即它成为达成意义的手段。比如，有足够的金钱时，我们可以做很多对自己有意义但没时间去做的事，或者可以用它去支持我们认为有意义的事情。

虽然确定自我和谐的目标可以带来很多好处，但这并不容易。谢尔登和琳达·豪泽－马尔科曾提到，选择自我和谐的目标是“很难的技巧，需要正确的自我认知能力，还要有强大的自制力，因为社会影响和压力经常让我们做出错误的选择”。我们首先必须知道我们的生命需要什么，然后诚实地面对自己的愿望并且对它负责。

反思 你的自我和谐目标是什么？追求这些目标时，你有没有碰到任何外在或内在的障碍？

“想要做”与“不得不做”

自我和谐目标的前提就是，目标是自己在自由的情况下所选择的。这也解释了为什么民主制度下的人们活得要比专制制度下的人们幸福。但即使在最民主的制度下，人们有时候仍然感到自己被奴役了——这并非来自任何政府的影响，而是被外在的因素（如声望、欲望、责任或恐惧）胁迫。他们感到生活里充满了各种不得不做的事，而这些都不是自己想做的事。那些不得不做的事情，通常不是缺乏意义，就是没有快乐，甚至两者皆无。而只有内心想做的事情源于自我和谐的目标，才可以带来意义和幸福。

一个增强幸福感的方法，就是增加想要做的事并减少不得不做的事。无论是从人生角度还是日常生活的角度来看都应该如此。比如一个人学医是因为他觉得医学有意义（内在因素）还是因为医生有很好的社会地位（外在因素）？追求股票投资的成功，是因为它能带给我成就感（内在因素）还是因为它可以赚大钱（外在因素）？

以上的例子并不少见，我们所做的很多事，其动机都包含着内在和外在两方面因素。一个因为家庭的压力而学法律的人，通常无法在其中找到长久的快乐；相反，如果一个人出于对法律的热爱而成为律师，那么在维护正义的同时，这个人也会觉得非常幸福。内在动机和外在的动机，通常会决定行为本身的性质：如果动机是内在的（换句话说，就是自我和谐的），那便是想做的；如果动机来自外在因素，就变成不得不做的事了。

同样的分析也可以应用在日常生活中。想想你每天所做的事中，有哪些是自己想做的，哪些是不得不做的？而且有些不得不做的事情其实是无法避免的。对我个人来说，我想要教书，但从事了教学之后，我就不得不花很多时间批阅考卷。我们的挑战，不是要完全清除不得不做的事情，而是尽可能地减少它们，并以想要做的事情取而代之。不得不做的事情和想要做的事情的比例可以决定你的幸福感，它们甚至可以决定你早上起床和夜间入睡前的心态：在清晨，是满怀希望地起床，还是沮丧地想今天还有什么不得不做的事情？在入睡前，是感到充实和有成就感，还是长舒一口气说“哦，今天终于结束了”？

反思

想象你平常的一天，是不得不做的事情多还是自己想要做的事情多？整体来说，你会不会对新的一天或者将要到来的一周满怀期望？

问问自己想做什么，什么能带给自己快乐和意义。这还不够，我们需要更深入地认识自己。当年毕业时，哲学系教授奥哈德·卡明给了我一些建议：“生命很短暂，在选择道路前，先确定自己能做的事。在这些能做的事中，做那些你想做的；然后再细化，找出你真正想做的；最后，把那些你最想做的事付诸行动。”奥哈德的话让我想到了四个圆，在最里面的那个圆代表我最幸福的选择（见图 5-1）。

最外层的圆圈所包含的是我能做的，最里面的圆圈所包含的是我最深切的渴望和欲求。追求最想做的，它使我感到真实——真正成为我的自传的“作者”。我们可能未必总能实现我们最迫切的愿望，因为通常都会有不可控的因素存在，但诚实的态度和

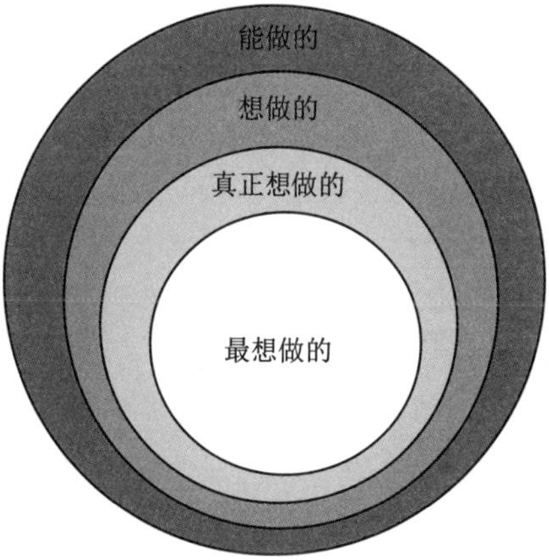

图 5-1　发现内心真正的需要

来自内心的答案，确实可以把我们带上正确的道路。须知一点，话语是可以创造世界的。

反思　什么是你最想做的事情，即内心最深切的渴望？

我的妻子塔米经常会和我一起设定目标，其中有她自己的目标，也有我们共同的目标。几年前，当我说要为一个目标设定期限时，她说，由于自我和谐的目标可以激发我们的无限潜能，并提供巨大的精神动力，因此我们应该把它们设定为终生的目标。同样，在追求有意义又快乐的目标时，我们并不是在消磨时间，而是在让时间发光。

正如亚伯拉罕·马斯洛所说，“当注意力集中在某一个任务上时，无论对个体还是环境都会产生积极的影响”。这个说法应用到自我和谐的目标上，会更加贴切，因为它结合了我们自身最大的兴趣和最深的需要。在最后一次受访中，20世纪神话学家约瑟夫·坎贝尔（Joseph Campbell）被问及他是否被“看不见的双手”帮助过时，他回答：

> 那真是神奇的时刻。我甚至开始迷信——世上确实有看不见的力量在帮我——只要你跟随自己的天赋和内心，你就会发现生命的轨迹原已存在，正期待你的光临，你所经历的正是你应拥有的生活。当你能够感觉到自己正行走在命运的轨道上时，你会发现，你周围的人开始不断给你带来新的机会。不要怕，只要听从你内心的召唤，当你迷惘的时候，生活就会向你敞开大门。

就像关于自我和谐目标的研究指出的，坎贝尔的感觉并不是迷信。当我们感受并追随生命的喜悦时，我们不仅可以享受人生，还会更加成功。反之，如果没有一个清楚的发自内心的方向，我们就容易陷入漫无目的的游荡，从真我的道路上被拉开。当我们知道自己的方向时（意识到那是自己非常想达成的目标时），我们就不容易迷路，也会更加忠于自己的内心。我们可以轻松地对外界那些强加到我们身上的东西说“不”，而对自己内心的声音说“是”。

时间是一个“零和游戏”，也是非常有限的资源。生命如此短暂，我们连做想做的事情都来不及，怎么能只用来做不得不做的事情呢？

练习

设定自我和谐的目标

追求自我和谐目标的人，通常不但更成功，而且比别人更幸福。自问一下，哪些是你在生活中真正想做的事，比如人际关系或职业规划，等等。在每个条目的下方注明以下内容：

- 长期目标。长期目标指地基型目标，从 1 年到 30 年都可以。这应该是一些有挑战性的、能够让你发挥潜能的目标。还记得吗？目标是让我们享受旅途中的快乐，激发我们自身的潜力，实现与否倒在其次。我个人的一个长期目标是研究出一套增强幸福感的课程，包括出版书籍、演讲录像以及创办培训工作室，截止日期是 2013 年 6 月 1 日（在我对目标的描述中，我会清楚地写明将要出版的书籍、演讲和各种工作室的具体细节）。

• 短期目标。这部分是针对分类消化长期目标而制定的。为实现自己的长期计划，你在未来的这段时期要怎么做？

• 行动计划。在未来的日子里，你需要做些什么来帮助目标的达成呢？给自己拟定一套行程表，无论是每日的、每周的（你将要养成的习惯）还是一次性的。我目前正在做的就是我计划的一部分：每天用 3 个小时写书。

不为自己设定明确的目标，我们就会很容易被外界影响，转而追求那些很难达到自我和谐状态的目标。我们总是面临两个选择，被动地受外在因素影响，或者主动创造属于我们自己的生活。

幸福董事会

成立你自己的“幸福董事会”，成员是那些关心你和你的幸福并对你的幸福有着重要影响的人。让他们监督你的计划，并给予及时的建议。同时你要和他们经常会面，讨论哪里进行得好，哪里还需要更多的努力，以及哪些项目可能需要改进，等等。

信守自己的承诺，并不是一件容易的事。这种习惯和惯性的养成需要时间，这也是很多人会失败的原因，而得到他人的协助则对改变很有帮助（无论是开始一个计划、组织、克服困难，还是和家人多聚聚）。

除了成立自己的幸福董事会，你也可以成为他人幸福董事会的成员（鼓励互动模式）。这样，你不但可以帮助自己，还可以帮助他人：在协助他人追求终极财富的同时，不知不觉中，也可以强化你自己对幸福的追求。当我们把自己放在一个特定的位置上时，我们关于某个想法的立场会更坚定。比如，当我们告诉他人有关幸福的重要性，以及提醒他们去追求有意义的、快乐的人生时，我们自己就更有动力去做这样的事情。

第二篇

幸福无处不在

第 6 章
幸福学习法

教育是获得幸福的最好机会。

——马克 · 范多伦

我的弟弟目前就读于哈佛大学心理学专业。在开始专业学习之前，他喜欢一切跟心理学有关的东西，比如读书、思考、写文章。而现在呢，他很厌恶心理学。

这并不是个别现象，许多学生都讨厌学习，那么又是什么原因让他们不得不努力用功呢？在与弟弟讨论这个问题之后，我发现了两种学习动机模式——“溺水模式”与“性爱模式”。

“溺水模式”有两个特点：（1）有从痛苦中解脱的强烈愿望；（2）一旦解脱，我们就会把那种舒适误认为幸福。如果把一个人的头按进水里，那么这个人会痛苦，会挣扎着要出来。如果他在最后一刻离开水，他的第一件事就是拼命呼吸，接着便是那醉人的解脱感。

当然，学生们的情况没有那么恐怖，但这种动机的性质（避免失败）是相同的。每个学期，他们都沉溺在自己不喜欢的作业里，因为考试失败会让他们感到恐惧；可一旦从书本、功课和考试中解脱，他们即刻就可以拥有那种轻松感，而这种感觉很容易被误认为就是幸福。

从孩提时代就被刻在我们脑海里的这种先苦后甜的模式，是我们唯一熟悉的生活方式，然后，“忙碌奔波型”就成为一种自然而然的、有吸引力的选择了。

但“性爱模式”提供了一种不同的学习方式，一种可以同时得到当下与未来幸福的模式。那些美好的学习时光，无论是阅读、研究、思考还是写作，都可以被视为性爱的前奏。学生们的经验表明，当知识和直觉的界限消失时，即当我们找到答案时，我们就像在体验性高潮的感觉。在“溺水模式”里同样会有这种达成目标后的高潮，但在“性爱模式”中，我们从一开始乃至在每一件事中都能得到快乐。

让学习本身成为一件快乐的事情，是每个学生的责任，尤其是在大学和研究生期间，因为那是最独立的学习时期。但是，通常多数学生进入这个独立时期的时候，已经养成了忙碌奔波的习惯。他们从父母那里学到的观念就是用名誉和成绩来衡量自己，他们最大的责任就是拿到好成绩，而不是去享受学习的快乐。父母与老师都希望孩子们得到幸福，但前提是他们自己必须首先相信：幸福才是至高的、最重要的财富。孩子们对暗示极端敏感，通常他们会把父母和老师的观点内化，即使这些观点并不明确。

在学校里，我们应该鼓励孩子们去追求快乐并且有意义的学习方式。如果一个学生对做社会工作者感兴趣，并开始考虑这个选择的得失，这时老师就应该鼓励他，而不是告诉他做生意可以赚得更多；如果他想从商，那么父母也应该支持他，而不是告诉他从政才是他们对他的期望。如果父母和老师都相信幸福是终极财富，这种鼓励就是最自然、最符合逻辑的选择。

反思 回想一下，你记忆中最好的老师都做了什么来启发你对学习的兴趣？

当强调成果（实在的目标）多于养成对学习的兴趣（无法衡量）时，学校其实已经是在鼓励忙碌奔波的信念并且抑制孩子的情感成长了。“忙碌奔波型”所相信的就是成果比情感上的快乐更重要，因为他人只会对成果表示赞赏，而情感却会影响成果的获取，所以最好压制它或者根本不要理会它。

具有讽刺意味的是，事实上情感不仅是追求终极财富（幸福）的必需品，还是追求物质的必需品。丹尼尔·戈尔曼在《情商》一书里说道，“心理学家们一致同意，人类的智商（IQ）对成功的帮助只有 20%，其余 80% 则来自其他方面，其中就包括我所说的情商（EQ）”。“忙碌奔波型”的想法本身就和情商相冲突，更不要说既快乐又成功地生活了。

那么，老师和家长们应该做些什么来帮助学生在学校过得更开心，同时又不影响学业呢？心理学家米哈里·契克森米哈赖在其“心流”（flow）理论中，教导我们如何创建适当的家庭和学校环境，来帮助其成员平衡当下与长远利益，同时获得快乐和意义。

心流体验

心流，根据契克森米哈赖的说法，就是个体完全沉浸于体验本身，而体验本身就是最好的奖赏和动机。在心流状态中，我们的感觉和体验合为一体，即“行为和觉察融为一体”。

我们都有过沉迷阅读或写作的经历，有时连别人喊我们都听不见；或者当我们在专心烹饪、和朋友谈心、在公园打球时，经常几个小时就在不知不觉中过去了。这些就是心流体验。

在心流状态中，我们享受着巅峰体验，同时也做出了巅峰表现：我们既感受到了快乐，又展现出了最好的状态。运动员把这种情形称为“在状态”。无论我们在心流的境界里做什么，踢球也好，雕刻也好，写诗也好，学习也好，我们对正在进行的事情采取的都是一种全神贯注的态度，没有任何人或事可以打扰我们或者使我们分心。在这种最佳状态下，我们能够更有效地学习、成长、进步并且向未来的目标迈进。

根据契克森米哈赖的解释，拥有清晰的目标是心流体验的前提。虽然目标有时会有所改变，但我们行进的方向是不能错的。当我们全身心投入，去实现目标，不为任何其他的诱惑所动摇时，我们才能获得心流体验。同时，当下以及未来的益处在这种状态下合为一体：遥远的目标不但不是阻力，反而可以帮助我们感受正在经历的意义。心流体验所带来的是更高层次的幸福，它把“一分耕耘，一分收获”变成了“现在的快乐即未来的成果”。

契克森米哈赖的心流理论还指出：“一分耕耘，一分收获”的说法代表我们必须承受极度的压力，无论是身体上还是心理上的，只有这样才能发挥 100% 的潜力，实现至高的目标；但在心流体验中，痛苦本身并不是巅峰表现的最高境界；相反，有一个区域是在过难和过易之间，在这个区间内，我们不但可以发挥出最大的潜力，还可以享受过程中的快乐。如果想要到达这种境界，就要选择难度适中的任务（见图 6–1）。

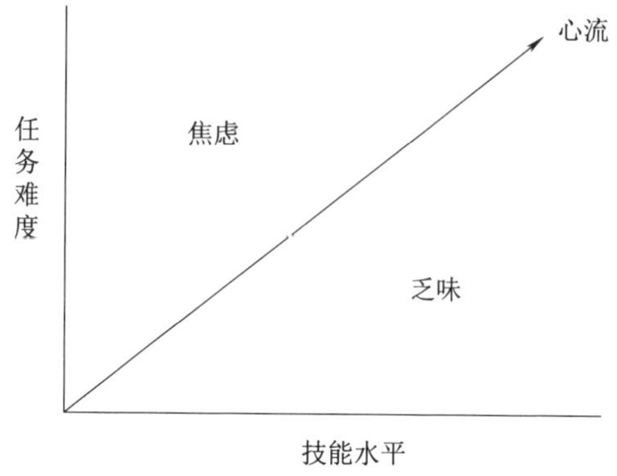

图 6–1　心流体验

图 6–1 显示出，如果任务难度大而技能不足，我们就会感到焦虑；相反，如果技能高超而任务太简单，我们就会感到乏味。只有当难度和技能匹配时，心流体验才有可能出现。

反思　回想一下，你什么时候有过心流体验?

许多学生不是感到焦虑就是觉得乏味，因此他们无法享受学习的过程或者发挥出真正的潜力。当学生期望当下和未来都有收获时，老师应该针对个人潜力，尽可能布置适当的课程和作业。就像前文提示的，有两种不同的情况会影响学生拥有心流体验：一是有压力的环境，因为这样会带来焦虑；二是没有挑战性的环境，因为这样会使人觉得无聊、厌倦。

在第一种情况下，老师应用的是“溺水模式”教学。由于学生的压力太大了，超出了他的能力范围，导致学业带来的只有痛苦、焦虑以及不幸福。学生被迫只注重结果而不注重过程，只注重终点而不注重旅途。在这种情况下，他们很快便会变成“忙碌奔波型”的人，始终感受不到心流体验，无论是在学业、工作还是在日常生活中。

第二种情况则刚好相反。挑战不足和乏味替代了挑战过大和焦虑。过小的挑战所带来的负面影响比起过大的挑战所带来的负面影响一点儿也不少，它们所剥夺的也不光是获得心流体验的可能性。教育者，尤其是家长，往往将奋斗和痛苦错误地同化（为了保护孩子），他们有两种通病：一是满足孩子的所有要求；二是把他们和所有的挑战隔离。在给孩子创造舒适生活的过程中，如果剥夺了孩子奋斗的机会，就剥夺了他们体验心流以及克服困难的经验。

在我成长的过程中，我最喜欢的卡通片是《小富翁里奇》（*Richie Rich: The Poor Little Rich Boy*），主人公是一个有钱但可怜的富家小孩——什么都不缺，但依然感到烦恼。故事所反映的其实就是当今社会，越来越多的有钱人（包括出身富裕的孩子）却拥有越来越多的不幸。有些人把这种情况称为“富贵病”，我把这称为“生活失重”。

生活失重

塞缪尔·斯迈尔斯是近代自助运动的创始人，他在 1858 年的一篇文章中提到，“我们应该教给所有的孩子：生命中真正的幸福和成就感必须依靠自己的付出与努力，而不是借助旁人的帮助”。如果家长帮着孩子逃避问题和挑战，就只会导致未来的不幸。“人类最大的贫乏，就是事事顺心如意，无须努力，最终导致希望破灭，再无奋斗之心。”当面临挑战时，孩子其实和大人一样，他们会在成功中找寻意义，并且享受努力实现目标的过程。

生活失重可以在某种程度上解释为什么在这个社会中抑郁症的患病率会不断上升，为什么患抑郁症的人越来越年轻，因为他们的生活实在是太轻松容易了。

挣扎、困难和挑战都是丰富的生活不可或缺的，幸福之路并无捷径。但我们对他人的困难（尤其是对孩子）通常的反应就是帮助他们。事实上，应该放手让他们自己去迎接挑战。这听起来似乎不合常理，但我们必须抑制那种自然反应，让孩子们自己学会应对各种困境，茁壮成长。

有钱人经常不开心的另外一个原因，就是来自“有钱就应该开心”的压力。“我有钱，我怎么可能会不开心呢”，他们会为不开心而感到内疚，会觉得如果不开心就对不起自己所拥有的财富。如果他们找不到不开心的合适理由，就会把错误怪到自己头上。他们因为追求幸福而感受到压力，也会对自己无法克服负面情绪而感到内疚和无能。在这个现实的世界中，很多人并不了解情绪好坏与物质多寡之间并不存在紧密的联系。

幸福面前人人平等

我们都拥有承受极大痛苦、极大快乐和其他介于痛苦和快乐之间的情绪的能力。虽然物质状况不同，但每个人都有争取终极财富（幸福）的能力。除了那些极端贫穷和受到政治迫害的人，幸福和不幸福其实是很公平的。在《究竟谁幸福?》（*Who is Happy?*）一文中，著名心理学家戴维·迈尔斯和埃德·迪纳指出，“就获得幸福和生活满意度而言，年轻人和老人、男人和女人、黑人和白人，以及穷人和富人所具备的能力是差不多的”。幸福面前人人平等。

正如18世纪经济学家和哲学家亚当·斯密所说，“关于人类的幸福感，比较穷人与富人，幸福感并没有任何优劣之分”。虽然亚当·斯密站在一个特权阶层的角度说话（他与当时的主流社会格格不入），但至少他说对了一点，那就是穷人的痛苦和欢乐，无论是在质量还是在数量上，和富人并无差别。在基本的生存条件（食物、住所、适当的教育）达到后，从情感的角度来说，经济状况并不会造成显著的差异。

此外，富人的不幸也很真实、自然，与穷人的不幸相比没有任何差别——人类社会在这一点上其实是很公平的。所有人都会体会到不安、恐惧、快乐和幸福。无论我们是否富有，剥夺体验这些情绪的权利，其实就是在剥夺获得幸福的权利。甚至连虚无主义者都不可避免地会碰到不开心的事，若不去面对，只会导致更多的不快乐。无论收入或社会地位怎样，我们都要“全然接纳自己”。

反思 你会以自然心态去接受负面情绪，还是会排斥它们？你是否做到了“全然接纳自己”？

工作让你更幸福

契克森米哈赖的研究指出，人在 12 岁时已经可以清楚地将工作和玩耍分开，这是一种伴随我们一生的分辨能力。孩子得到的一个明确信息是，教育就是家庭作业以及努力用功。把完成作业当成工作，很容易使孩子们厌烦，因为只要是人，都不会喜欢“工作”。这种厌恶在西方社会里根深蒂固，在很多著名的文学作品中都可以找到佐证。

亚当和夏娃当初享受的是典型的快乐生活——他们没有工作，也没有对未来的打算。当他们因吃下禁果被赶出伊甸园后，他们及子孙后代都必须辛苦工作。工作从此成了惩罚的标志之一，而我们会把天堂（一个完美的地方）形容成一个没有困难、没有工作的地方。但其实在地球上，我们只有工作才会拥有快乐。

在“工作与休闲中的最佳体验”研究中，契克森米哈赖和朱迪丝·勒菲弗指出，人类喜欢休闲多于工作（这是一个没有争议的结论），但人们在工作中的心流体验比在休闲活动中要多。

这种矛盾（我们说喜欢休闲，却在工作中得到更多的心流体验）令人深思，它说明了我们对工作存在偏见。我们常常把努力与痛苦、休闲与快乐联系在一起，这其实已经干扰了我们对于自身体验的客观认知。当我们开始把工作中的积极体验负面化时，其实我们也是在限制自己获得幸福的潜力，因为幸福并不仅仅是经历正面情绪，还包括这个过程中的体验。

工作场所应该是一个我们可以感受正面情绪的地方。在《教学勇气》（*The Courage to Teach*）一书中，教育家帕克·帕尔默写道，“在一个把痛苦和工作绑在一起的文化里，揭示工作最大的特征其实在于深度的幸福感，这是非常具有革命性的”。我们把工作、努力与痛苦绑在一起的恶习，已经深深地影响了我们在学校和工作中获得幸福感。

为了让自己在工作和学习中得到更多的快乐，我们首先得改变自己的观点，改变对工作的偏见。唐纳德·赫布（Donald Hebb）在1930年所做的研究对我们很有帮助。

600个6~15岁的学生得到了这样的信息：他们不需要再做家庭作业。如果他们在课堂上表现欠佳，他们就会被罚出去玩；如果他们好好表现，他们就会有更多的功课要做。结果，在短短的一两天之内，学生们都选择在课堂上好好表现而非出去玩耍（并且他们学到了更多的知识）。如果我们可以仿照这个实验过程改变对工作的态度，把工作视为一种特权，而不是责任（对孩子们也一样），那么我们不但会感到更幸福，而且可以学到更多的东西，同时也会有更好的表现。

反思　你是否把工作和学习的体验看作一种特权？你是否享受身处其中的感觉？

当我们对幸福的看法很刻板（把努力和挣扎排除在幸福感的来源之外）时，我们其实忽略了一些获得幸福的最大可能性。在学校和工作中，我们忽略了获得幸福的机会；在学校和工作之外，我们又拼命地消灭所有的挑战和困难。结果导致我们产生了这样一种感觉：幸福真是遥不可及。

最佳的教育应该教会学生在物质领域和精神领域同时成长。只关注技术上的东西是不够的，学校还必须突破写、读、计算等能力，我觉得还要再加上快乐。老师必须为学生创造一个快乐的学习环境。我们通常都会在教室里浸泡许多年，而我们人生中很多的习惯也正是在这段时间里培养出来的。如果学生在学校里被允许去追求幸福，从事获取这种终极财富的活动，那么他们就更可能养成这种受益一生的好习惯。但如果他们在学校里只是按照“忙碌奔波型”的模式去学习，那他们未来的人生也很可能就是那样的。

不幸的是，我们目前的教育没能帮助学生寻找有意义和挑战性的活动，没能让他们体会到学习的乐趣，许多教育家注重的只是如何帮助他们拿到更高的分数。契克森米哈赖写道：

> 学校和家长在帮助孩子们寻找快乐这一点上都做得不好。大人们自己经常被不实的典型迷惑，并成为传播这一典型的同谋。他们把重要的事看得又难又无聊，却认定无关紧要的事是刺激和容易的。学校通常不能让学生体会到数学和自然课的迷人之处和令人激动之处；学校所教授的历史和文学往往停留在表面，而未曾发掘它们的奇妙之处。

每个人天生都具备对学习的热情，孩子们会不停地发问，不断地发现周遭的世界。教育者作为帮助孩子们追寻自身价值和获得心流体验的人，应该培养孩子们的求知热情。他们可以把学习变成一种迷人而美好的旅程，贯穿于整个生命对幸福的追求之中。

练习

制订学习计划

最成功的人都是活到老学到老的人，他们不停地发问，不停地探索这个奇妙的世界。无论你处于生命中的哪一阶段，无论你是 15 岁还是 115 岁，无论你是风光无限还是正在艰难地奋斗，你都可以为自己制订一套学习计划。

你的计划可以包括以下这两个方面：个人成长和专业成长。在每一类学习中，都要用心寻找快乐（比如阅读及思考）和意义（书中的知识会促进你全面成长），要把你的计划规律化、习惯化。

举个例子，在个人成长中，你可以阅读纳撒尼尔·布兰登的《自尊的六大支柱》（*The Six Pillars of Self-Esteem*），完成里面的练习。此外，还可以报名参加积极心理学的课程，养成写心理日记的习惯。至于专业成长方面，你可以找一个该领域的资深导师，并关注该专业领域的动态。

困境的意义

虽然我不相信发生的都是好事情，但我知道有一些人在任何环境中都能发现最好的一面。没有人会喜欢困难，但在我们的成长过程中，困难扮演着一个非常重要的角色，没有任何挑战的生命是没有意义的。

写下一段你经历过的艰难时期——一次失败或某段挣扎的时期。详细描述之后，写下在那个过程中你所得到的好处。当然，也不必刻意淡化或减轻痛苦。想想看，那件事让你变得更有韧性了吗？你学到重要的东西了吗？你会不会变得更加心怀感恩呢？你有没有学到其他的经验？

如果你是在小组中完成这个练习的，就去试着与他人互相帮助，从各自的经历中学习。在所有困难中都有所收获才是最重要的。像我的同事安妮·哈比森所说的，“永远不要浪费从困境中学习的机会”。

第7章
幸福工作法

品味辛勤劳作的快乐。

——亨利·沃兹沃思·朗费罗

10年前我遇到过一个年轻人，他是一个律师，在纽约一家相当有名的公司上班，并且即将成为合伙人。从他的高级公寓里向外望，中央公园的美景一览无余。他还刚用现款买了一辆全新的宝马汽车。

他非常努力地工作，每星期至少工作60个小时。每天早上他挣扎着起床，把自己拖到办公室；他感觉自己没有什么盼头——与客户和同事的会议、法律报告与合约事项占据了他的每一天，对他来说这些就是每天的任务。

当问起在一个理想世界里他还想做什么的时候，他说他想去一家画廊工作。我接着问他:“在现实世界里，无法找到画廊的工作吗?”他回答:“不是的。如果在画廊工作，收入会少很多，生活水平也会下降。”他虽然对律师工作很反感，但又没有其他的选择。

他感到很不开心，因为被自己不喜欢的工作牵绊。生活中，这样的人并不少见。在美国，只有 50% 的人对自己的工作满意。然而，我们发现，这些人之所以不开心，并不是因为真的别无选择，而是他们的决定（将物质与财富放在快乐和意义之上）让他们不开心。

热情是幸福的动力

在希伯来语中，工作（avoda）和奴隶（eved）两词的来源相同。绝大多数人都为了生活而工作。就算在生计不成问题时，本能仍然指挥着我们去工作：我们的使命是追求幸福，而为了幸福我们就必须工作。

然而，不论是生活需要还是社会法规，都不能阻挡我们体会真正的自由。只有在自己选择的快乐与意义并存的生活中，我们才能感受到自由。至于我们能否从工作中找到自由，取决于我们是愿意受制于物质财富、他人的期望，还是被自身的情感和热情推动。

在做此类决定之前，我们应该先问自己一些问题。发问才会有答案，我们只有开始质疑自己，才会去探索和征服自己，才能看到一些以前看不到的事，发现一些以前被遮挡的道路。

在列出一些确切的问题后，我们可以挑战自己假设的情景及传统的思考方式：我工作快乐吗？如何才能更快乐？我会为了更快乐、更有意义的工作而辞职吗？如果我不能离开，有什么方法可以使我现在的工作更开心呢？

好的雇主可以营造出一个传播幸福的工作环境。心理学家理查德·哈克曼（Richard Hackman）的研究说明，一些外在条件可以帮助员工在工作中找到更多的意义：第一，这份工作必须能够激发员工的才华和潜力；第二，雇员应该获得更大的发挥空间，在公司的运作中扮演更重要的角色，而不只是旁观者；第三，雇员应该感受到他们的业绩是有意义的。能做到以上三点的雇主更有可能给雇员带来幸福。

正如我之前所讨论的，契克森米哈赖说明了一份难易适中的工作能提升员工的投入程度。雇主若能够考虑到这种工作投入感为雇员和组织带来的好处，就可以更加合理地为员工安排最恰当的工作。

反思 回想一下你最开心的工作体验，是具体的工作内容还是工作环境让你那么快乐？

我们不能只坐等好工作从天而降，我们必须主动寻找或是在目前的工作中创造令人满意的环境。迁怒于他人（父母、老师、老板或是政府）或许会得到一些同情，但那不是幸福。找寻幸福的最大责任还是在我们自己身上。

在某些工作中，为了争取幸福，我们可以对工作进行适当调整。比如，即使工作没有特别的要求，我们还是可以为自己设定一些明确的目标，从平凡中寻求挑战，获取心流体验。我们可以主动承担更多的责任，更多地参与我们感兴趣的工作，或调换到其他部门加入新的项目。如果无论怎样努力，目前的工作都无法让我们感兴趣并投入其中，就应该考虑换工作了。当然，在某些情况下，离开我们当前的工作可能是个困难的选择，但我们总可以再找到新的工作，那样不但可以解决我们的温饱问题，还可以让我们更幸福。

下决心在工作中做出改变或者寻找新工作可能会让人恐惧，但是如果一份工作除了糊口无法给你带来任何幸福感，就确实需要有所改变。当收入不能满足自己的物质需要时，我们会不断寻找更好的工作，以求从困境中解脱。试问一下，为什么当追求的目标是幸福时，我们却不能做出同样的努力呢？要在生活中做出改变，所需要的其实是勇气，而勇气本身不代表没有恐惧，而是代表在感到恐惧的同时仍然付诸行动。

金钱和幸福都是生存的必需品，并非互相排斥。进一步说，我们对某件事情越感兴趣，我们越能发挥自己的天赋，做这些事情既有意义又可以让我们乐此不疲。我们通常会在感兴趣的事（所热衷的事情）上更努力。没有热情，动机便会被削弱；有了热情，不但动机会坚定，连效率也会提高。

我们投入工作中的努力，是无法仅用收入来衡量的。就像机器人的例子所说明的，如果没有任何热情，我们很快就会丧失兴趣。情感激发行动，热情则是我们的动力。

寻找使命感

心理学家亚伯拉罕·马斯洛曾写道，“人类最美丽的命运、最美妙的运气，就是从事自己喜爱的事情并获得报酬”。寻找如此“理想”的工作——这种能让我们更幸福的工作——并不容易。研究表明，人们对待工作的态度可以对此产生影响。

心理学家埃米·瑞斯尼斯基指出，人们对待工作有三种态度：任务、职业或使命感。如果一个人只是把工作作为一种任务及赚钱手段，而不是期待在其中有任何自我实现，那么这种情况下，每天去上班是因为他必须去，而不是因为他想去。除了薪水，他所期盼的就是节假日了。

把工作作为职业的人，除了注重财富的积累，也会关注事业的发展，比如权力和声望等。他们关注的是下一个升职的机会，如从副教授到终身教授，从老师到校长，从副总统到总统，从助理编辑到总编辑。

对于把工作看成使命的人来说，工作本身就是目标。薪水和机会固然重要，但他们工作是因为他们想要做这份工作。他们的力量源于内在，同时也在工作中感到了充实与快乐。他们的目标正是自我和谐的目标。他们对工作充满热情，在工作中实现自我。工作对他们来说是一种恩典，而不是折磨。

反思 你把你的工作当成任务、职业，还是使命？据此反思你之前所从事的所有工作。

我们对工作的定位（无论是任务、职业还是使命）对工作本身及其他生活方面的幸福感均有影响。瑞斯尼斯基的建议是，“除了收入或地位，人们对于工作的定位，将在很大程度上决定他们对工作及生活的满意度”。

寻找使命感，需要努力和清醒的头脑。因为通常我们所得到的鼓励是去找一份适合自己当下能力的工作，而不是一份自己想做的工作；大部分职业介绍所以及职业测验都注重我们目前的能力，而不是我们的热情。没错，像“我当前的能力优势是什么”这类问题，在寻找人生方向的过程中当然重要，但重点是这个问题的提出必须是在结合了意义和快乐的目标之后。如果我们的第一个问题是“我可以做什么”，我们就是在优先考虑实际问题（金钱或是他人期望的看法）；但如果第一个问题是“我想做什么”，即什么能带给我快乐和意义？那么我们的选择才是以幸福作为衡量一切的标准。

MPS 模式

MPS 模式，指的是意义（Meaning）、快乐（Pleasure）和优势（Strengths）。寻找适合的工作（可以发挥我们的优势和热情）通常是很有挑战性的。我们用以下三个关键问题来问自己：什么能带给我意义？什么能带给我快乐？我的优势是什么？要注意顺序。然后看一下答案，找出其中的交集，这样的工作就是最能使你感到幸福的工作。

做这个实验时，切记要用心，而不是胡思乱想瞎写一通。你会发现头脑中有很多现成的答案，但从中寻找到准确答案并不容易。比如在回答“什么能带给我们意义”这个问题时，我们需要尽量多地写下所有我们曾经做过的、让我们感到有明确目标的事情，认真地回忆和反思生命中的这些时刻，确定对我们而言真正有意义的事情。

如果多花些时间去思考这三个问题，答案可能会有很多，并且彼此交叉的地方一开始不一定那么明显。

找准人生定位

图 7-1 以一种简单的方式来解释 MPS 模式的运用，而实际的情况可能会比示范图复杂得多——如何通过思考 MPS 模式给我们带来幸福和成功？

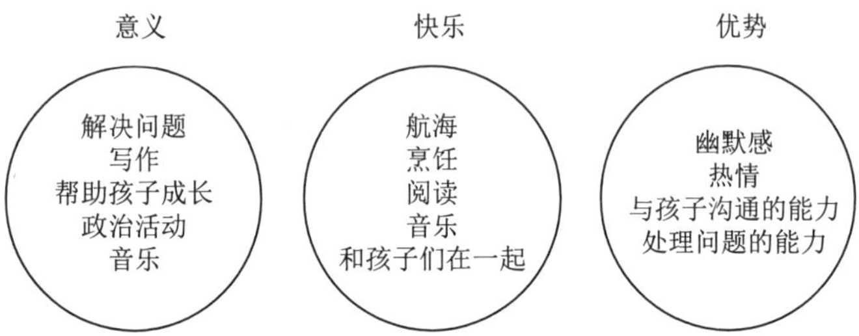

图 7-1　MPS 方法（1）

比如：我觉得有意义的事情包括解决问题、写作、帮助孩子成长、参与政治活动以及聆听音乐等。让我快乐的事情有航海、烹饪、阅读、音乐，还有和孩子们在一起。富有幽默感、热情、与孩子沟通的能力，以及处理问题的能力则是我天生的优势。

交集中的答案是什么呢？

从图 7–2 中可以马上发现，和孩子们在一起的活动可以带给我快乐和意义。再细化一下，现在需要考虑我的个性以及生活习惯。比如，我做事非常有计划，喜欢计划整个星期的工作，喜欢每日有规律地工作。我也喜欢旅游，所以工作之余最好有比较长的休息时间。

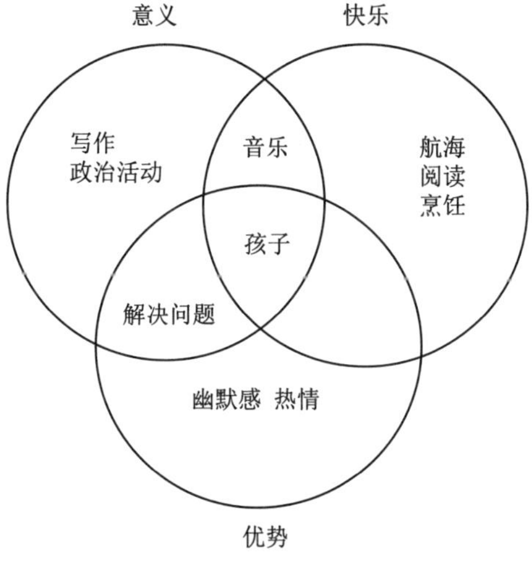

图 7–2 MPS 方法（2）

那么，哪些和孩子们有关的工作，既有规律性又有长一点的休息时间呢？什么样的工作能最好地发挥我的热情、幽默感和对阅读的热爱及解决问题的能力呢?权衡各方面因素之后,我发现做一名老师可能是最好的选择。使用这种方法不一定能帮助我们找到薪水最高的工作,却可以帮我们找到获得幸福的工作。

MPS 方法也可以帮助我们在其他生活领域中做出重要的决策。例如,在学校选择选修课时,我们就可以去选择处在三者交集之中的课程,一个既可以为我们带来未来的意义,又能使我们快乐,还可以发挥自身优势的选择。

MPS 也可以成为管理者的好工具,帮助员工发现和从事他们自己感觉既有兴趣又有意义还能发挥个人优势的工作,这不但可以增强他们的投入程度,同时可以提升他们的工作表现。MPS 甚至可以帮助人力资源部门更好地选择新员工。在现实中,可能很难找到一个环境可以完全满足每个人的需要,以发挥每个人的优势。而管理者的重要工作之一,就是寻找员工和职位的契合点。

培养使命感

MPS 方法给我们的另一个提示就是:人们有选择工作的权利,但如果实际情况是选择不多或根本没有选择呢?又或者由于一些外来因素而导致无法找到一份符合 MPS 标准的工作呢？其实，在一些情况下，职业和职位本身就可以发挥员工潜力，并且为他们带来意义和快乐。比如作为医生，其工作所带来的意义肯定要比卖二手车重大得多。同样，瑞斯尼斯基的研究还说明，通常员工的职位越高，他们的使命感越强烈。

但无论是首席执行官还是职员，医生还是汽车销售，每个人都可以在自己的工作中找到使命感，从而获取更多的幸福感，让工作变成我们的使命而不是简单打工。瑞斯尼斯基和简·达顿说过，“即使是在最受限制、最乏味的工作中，员工一样可以为工作赋予新的意义”。

在一项针对医院清洁工的研究中，一组人觉得他们的工作就是打工（无聊，也没有意义）；另一组人则觉得自己的工作很有意义，工作时很投入。第二组人在工作中充分发挥了创造性，他们与护士、病人以及家属交谈，把医院员工和病人的舒适看成自己的责任。从整体上来说，第二组清洁工看待工作的高度更高，并在其中找到了意义：他们不只是在倒垃圾和洗衣服，正是他们的工作让医院正常运转，帮助病人康复。

要想获得更多的幸福感，就要明白我们对工作的认可有时候比工作本身更重要。正如医院优秀的清洁工认定了他们的工作可以为病患、为医院带来真正的改变，比起那些不认可自己工作的医生（那些看不见自己工作价值的人），他们其实更幸福。

研究者还发现，一些发型师、技工、护士以及饭馆的帮厨也因为在日常工作中找到了使命感，从而得到了更多的意义和快乐，他们与服务对象的关系也不再是简单的金钱关系。还有一些工程师，在技术层面之外，他们还看到了自己作为老师、团队的缔造者和维系者的意义，因此他们从看似机械的工作中获得了更多的使命感。

反思 如何为目前的工作赋予更多的意义？你可以做出什么样的改变？

倾听幸福的声音

在《禅与摩托车维修艺术》一书中，罗伯特·M.波西格写道，“生命的真相就在我们眼前，我们却常常让它走开，结果是真相离我们越来越远”。在日常工作中，我们常常对那些可以获得快乐和意义的机会视而不见。我们如果没注意到潜在的幸福（我们只关注其他东西），就将面临失去它的危险。想要把可能变成事实，我们首先必须认识到这些可能性是存在的。

幸福并不取决于我们得到了什么或身处何种境地，而取决于我们选择用什么样的视角去看待生活。有些人，无论工作或生活有多好，他们还是感觉不到幸福，但他们仍然不断欺骗自己，认为外在因素可以最终改变内在体验。

爱默生说得很对：“对于不同的头脑，同一个世界可以是地狱也可以是天堂。”完全一样的事，带给每个人的感受也不同；我们选择去注意什么，往往决定了我们做事情时的享受程度，无论是人际关系、学习还是工作。举个例子，一个闷闷不乐的投资者，可以通过学习专注于他事业中那些与人生意义及快乐有关的事情来提升幸福感；他如果只是看重数字，就很难在自己的事业中找到幸福。信念的改变可以带来巨大的差异，就像那些发型设计师、医院清洁工以及工程师表现出来的一样，当我们关注幸福的时候就更容易发现幸福。

哈姆雷特说过，“事情没有好坏之分，只取决于你如何看待它”。他只说对了一部分。事实上，我们注意的部分（我们的认知）非常重要，但这并不是说任何人在任何时间都能得到幸福。比如说，有些人无论怎样努力，都无法从他们的事业中找到让自己感到有意义和快乐的事。幸福是内外因素结合的产物——我们所追求的目标以及我们所专注的工作本身。

大部分人都可以找到相对满意的工作，但我们确实可以有更好的选择。为了帮助大家找到自己的使命感，让我们来听听我的学生艾伯尼·卡特的看法：“与其关注我们需要什么才能生存，不如关注我们没有什么就无法生存。”寻找使命感，是去回应自身内在的呼唤——那个能引导我们走向幸福的声音。

练习

三个问题：训练你对幸福的把握

花时间检视一下前文中提到的 MPS 方法，回答下面的问题，然后找出那些相互交叉的部分。

问题一：什么对我有意义？什么给了我使命感？

问题二：我觉得快乐的事情是什么？什么能带给我快乐？

问题三：我的优势是什么？我擅长做的又是什么？

通过这个步骤，可以帮助你在最宏观的层面（你生命里的使命是什么）以及最微观的层面（你希望每日的生活应该是怎样的）找到你的方向以及使命感。虽然它们联系紧密，但宏观层面的改变是需要很大的勇气的，比如离开目前的公司或者放弃现有的人生道路。微观层面的改变，比如每星期花两个小时做自己爱做的事，就容易得多。这些改变都可以帮助你获得更多的幸福感。

重塑你的工作

除了做出重大抉择来改变生活，另一种方法就是在现有的生活中增加那些自己觉得喜欢、有意义并且擅长的事情，或者从正在做的事情中挖掘幸福，通常我们不用挖掘得很深就可以发现它们了。

我们对工作的偏见，或者对工作意义的狭隘认识，经常让我们错过生活的真相，事实上我们随时都有获得更多幸福的潜力。这个练习就是为了帮助我们重新发现那些隐秘的财宝。

描述一下你每天的日常活动，把它们填在本书第 3 章里“人生地图”练习的时间表上（或者做一个新的时间表，尤其是关于工作的）。在检视它们时，你可以问自己两个问题：（1）你是否可以改变工作中的一些常规内容，增加让你感到有意义和快乐的工作内容，来替代不能激起你热情的那些任务？（2）无论你是否可以做出改变，都自问一下，在目前的工作中有哪些部分违背了待发掘的潜在意义和快乐？想象一下那些优秀的医院清洁工、发型设计师和工程师，他们是如何在工作中创造幸福的。他们并没有进行任何根本改变，比如更换工作或者工作环境，他们所做的只是赋予工作本身更多的意义，并且从中发现快乐，从而提升了工作的幸福感。

基于以上两个问题，我们可以把“工作描述”改写为“使命描述”。把自己目前的工作重新描述一下，要写得足够令人向往。当然这并不是说要言过其实或者夸夸其谈，而是客观地发现并记录下这份工作潜在的意义和快乐。我们看待工作的方式以及我们向他人介绍自己工作的方式，都可能极大地影响我们的体验。

第 8 章 经营幸福的亲密关系

所有想要幸福的人都必须学会分享，

幸福天然具有两面性。

——拜伦

埃德·迪纳和马丁·塞利格曼这两位积极心理学界的领袖人物研究了一些“非常快乐的人”，并且将他们和“不快乐的人”做了比较。在外在因素中，唯一能够区分两种人的因素就是他们是否具有广泛而令人满意的人际关系。与朋友、家人和爱人共享美好时光是幸福的必需品。

与我们关心的人和关心我们的人一起分享人生经历、想法以及感受，可以增加生活的意义并安抚我们的痛苦，让我们感到这个世界充满了乐趣。17 世纪哲学家弗朗西斯·培根说过，亲密关系可以“将我们的快乐加倍，将我们的痛苦减半”。亚里士多德也说过“没有友谊就没有幸福”。

可见，人际关系对个人幸福来说非常重要，其中浪漫的亲密关系是幸福真正的基石。在总结对幸福的研究时，戴维·迈尔斯也认为，“幸福的最佳预测因素，就是紧密的、平等的、共同成长的、维系终生的亲密关系”。与浪漫的爱情关系相比，没有任何其他的主题能如此频繁地出现在文学作品中（包括诗词、科幻书籍、非科幻书籍），或者被如此广泛地讨论（餐厅、学校以及沙发上）。同时，人们对这个问题的误解也是最深的。

反思 想象一下那些和你亲近的人，你和他们是否有足够的时间相处？如果不是，那么你该如何改变这个现状？

无条件的爱

16 岁那年，在赢得以色列壁球冠军几周之后的一天中午，我对母亲说：“我希望女孩子因为我这个人而喜欢我，而不是因为我是冠军。”现在想起来，我当时的担忧根本就是多余的（当时以色列严重缺乏壁球场、球员，还有观众和球迷），也许那只是一个少年在故作谦虚——模仿那些抱怨自己找不到真爱的有钱人和名人。说实话，我当时并不是很在乎别人为什么喜欢我，其实只要有人喜欢我就不错了。

无论当时我为什么会有这种想法，母亲对我的态度都是非常认真的。她说："赢得冠军，只是反映出了你自己、你的热情以及你的执着。"就像我母亲所说的，夺冠并没有改变什么，只是让一些事实更加明显。但是，外在的东西总是比内在的东西更能吸引我们的注意。

直到很多年以后，我才明白妈妈所说的"人们应该爱我们本来的样子"，这与我此前的理解是不一样的。换句话说，爱我们本来的样子就是"无条件的爱"。我们不是经常听到这句话吗？我们是希望别人无条件来爱我们，还是无论发生什么情况都爱我们，又或者我们认为爱根本就不需要任何理由？

认为爱只是一种简单的感觉、一种情绪或不需要缘由的观点，是不能成立的。没有理性的基础，爱是无法延续的，就好像只有愉悦的情绪不足以带来真正的幸福一样（正如享乐主义者由于没有目标，才无法得到真正的幸福）。只靠强烈的感觉，是无法让爱永恒的。当一个人爱上另一个人时，其实中间包括了有意识和无意识的原因。也许他会觉得他爱她只是因为她这个人，但可能他自己也不清楚是为什么。当问到他为什么爱她的时候，他可能会说"我也不知道，我就是爱她"。我们一般学到的是用

“心”去爱一个人，而不是用脑——爱是无法解释的、神秘的，无法用常理来衡量。但是，如果我们感受到的是真爱，那么我们感受到它肯定出于某些原因，而这些原因不一定是能被意识到的，也可能永远都无法清楚地解释，但它们肯定是存在的。

如果可以找到爱的理由，如果是有条件地去爱，那么无条件的爱是否还存在呢？或者说，无条件的爱本身就是不合理的？以上问题的答案都取决于我们所爱的是不是这个人真正的核心价值。

核心价值

核心价值指的是我们最深最真的特性，也就是我们的个性。它包含我们的生活原则，但这些原则未必与我们平时所遵循的一致。由于无法直接观察到核心价值，所以唯一可以用来衡量一个人的个性的方法，就是根据其个性所反映出来的行为来判断。

一个有感情、勤勉刻苦、有耐心和热心的人，有可能去建立一所帮助贫困儿童的学院。这个学院成功与否，可以用他外在的表现来衡量；但能反映这个人核心价值的，则来自其内心的热忱。如果他拥有一个无条件爱着他的爱人，那么她当然会为他的成功高兴，也会为他的失败难过；但无论结果如何，她对他的感觉都不会改变，原因很简单，因为他的核心价值并没有变。

如果我们因为财富、权力或名声而被爱，那么这种爱只是有条件的爱；如果因为踏实、力量或是善良而被爱，那么这种爱才是无条件的爱。

反思　你自己的核心价值是什么？

打造幸福圈

心理学家唐纳德·W.温尼科特（Donald W. Winnicott）做过一个研究：在母亲身边玩的小孩要比不在母亲身边玩的小孩更富有创造力。当孩子们在母亲身边的一定范围内活动时，他们的创造力是很惊人的，我们可以称其为“创造力圈”。在这个圈内，孩子们勇于尝试，跌倒了自己可以爬起来，原因是他们知道那个永远无条件爱他们的人就在身旁。

成年人由于经历比较丰富，不需要像孩子那样一定要离亲人很近。对我们而言，只要知道有人关怀着自己就可以产生同样的安全感。

无条件的爱所带来的力量，等同于给我们建造了一个“幸福圈”。若身在其中，我们就能勇于追求有意义且快乐的事情。我们将大胆追求激情释放的自由，它可以是艺术、商业、教学或园艺。无论最终是否富有或成功，无条件的爱才是幸福的源泉。

如果有人真正爱我，那他/她肯定希望我表现出我的核心价值，因为只有这样才能更好地激发我的潜能与价值。

无条件的爱是美满关系的基础，但仅有它还不够，就像无论工作、学校还是家庭，都必须同时具备意义和快乐，才能让人真正幸福一样。

如果一对情侣为了未来而在一起，比方说可以帮助彼此达成金钱上或名望上的成就，那么这属于“忙碌奔波型”关系；此外，两人都认为现在努力工作、聚少离多是为了实现快乐的未来，也属于这种情况。当然，有时为了享受现在也需要对将来的利益做出一点点牺牲，但如果把太多时间放在为未来而活上，这种关系就很难长久维持。

而“享乐主义型”追求另一半的前提，主要考虑的是其中的快乐，他们把快乐误认为是幸福。“享乐主义型”很容易把欲望当成爱，他们的快感最终会消退，因为那种没有意义、只求醉生梦死的感觉不是幸福。

至于那些虚无主义者，他们会认为结婚是一件“应该做的事”，也可能因为周围的朋友都结婚了，所以自己也不得不走入围城。由于他们对亲密关系没有什么期望，所以只能漫无目的地待在他们的伴侣身旁。

反思

回想一下你曾经拥有的一两段亲密关系（不是亲密关系也可以），它们是属于哪个类型的？它们有没有发生改变？

爱与牺牲

有时，即使深信跟适合的人在一起可以获得幸福、长久相爱，人们也可能会变得不开心，主要原因来自对伴侣、孩子或是婚姻的责任感。他们错误地相信“牺牲是一种美德”，但他们忽略了一个要点，那就是：如果只是为了别人而维持亲密关系，那么迟早会感觉挫败与不幸福。开始时也许不觉得，但慢慢地就会发现自己的快乐、意义被伴侣剥夺了；再往后，就会觉得与这个人在一起是迫不得已的而不是心甘情愿的，这样的态度会慢慢影响对方，以致最终对感情绝望，不再获得快乐和意义。

就算在双方彼此深爱的情况下，如果把牺牲和爱并列，认为牺牲越大爱得越深，那么幸福也一样会受到影响。

要知道，当对方需要你为他 / 她付出时，无论金钱、时间还是感情，这都不是一种牺牲；当我们爱一个人时，我们会感觉到帮助对方也就是帮助自己。像纳撒尼尔·布兰登提到的，“为他人付出是为了让自己生活得更好，这是爱情的重要组成部分”。

这里所说的牺牲是指一个人放弃自己的幸福。比方说，妻子为了配合丈夫海外的工作而放弃一个她深爱的、别处无法找到的工作，这就是牺牲。由于这份工作对她有核心价值的意义，是让她有使命感的工作，所以放弃它等于损害了她的幸福。同一情况下，如果妻子只是请一星期的假来帮她先生完成任务，则不算牺牲，因为她并没有放弃任何核心价值的东西，所以也就不会损害到自己的幸福。再者，由于她和他的幸福是绑在一起的，当其中一个人幸福时另一个人也会幸福，甚至更快乐，所以帮助对方也就是帮助自己。

当我们很难分辨一个选择到底是牺牲还是有助于双方的成长时，唯一的甄别方法就是在感情中以双方的幸福为标准去衡量一切行为。

两人的关系其实就是终极财富的另一种表现形式——幸福的交易。就像所有的交易一样，在双方都获益的情况下才是一笔成功的交易。当其中一人在终极财富上受损时，当他为了对方不断付出时，结果就会使两人都不幸福。为了能让这笔交易成功，我们必须确定这种交易是对等的。

心理学家伊莱恩·哈特菲尔德（Elaine Hatfield）专攻两性关系问题，她指出：人们在两性关系中既不喜欢“占便宜”，也不喜欢“吃亏”。当两人觉得感情公平时，双方都会比较满足，而且关系也比较容易维持下去。这并不代表两人需要赚得一样多，在这里，平衡点不是用金钱来衡量的，而是用终极财富来衡量的。当然，在任何两性关系中，妥协都是无法避免的，是正常的。有时候为了另一半多付出一些也是必然的。但从整体来说，这段关系必须同时为双方带来幸福，两人必须在结合后过得更幸福。

反思 有什么样的方法可以使你与你的爱人过得更幸福？你们两人如何通过这段关系为彼此带来更多幸福？

理解是爱的基础

在美国，将近 40% 的婚姻走向了离婚的结局，这个数据对我们维系长久感情的能力来说，并不是一个好消息；特别是我们发现，剩下的 60% 即使没离婚，也不一定幸福。这难道说明人类不适合长期的亲密关系？答案当然是否定的，就像抑郁症患病率上升的统计数字不能说明人生来就是不幸的一样。

有时候离婚的确是最好的选择，并不是所有的伴侣都是般配的，有时他们长期相处下来也确实无法和睦相处。通常分开的原因来自对爱以及爱的表现的根本分歧。大部分人把性关系当成真爱，这是远远不够的。只有性的关系，是无法长久的。无论一个人的伴侣如何有吸引力，两人之间怎么“来电”，那些最初的兴奋感以及肉体上的诱惑迟早都会消失。新奇的东西对我们的感官确实有刺激的作用（“新鲜感会产生性兴奋”），但双方互相熟悉之后，这种刺激感早晚会消失。

两个人彼此间的熟悉其实是一把双刃剑：一方面它会使新鲜感降低；但另一方面，熟悉你的伴侣，真正去认识他，则会带来更强烈的亲密感——通过这种方式，能够使爱更好地成长，同时也会带来更和谐的性生活。

在《婚姻的热情》（*Passionate Marriage*）一书中，性治疗师戴维·施纳屈挑战了传统观念中认为性仅仅是生理能量的观点。经过多年对两性关系的研究，他证明了性生活是可以变得更和谐的，但前提是我们的目标以真正理解彼此为基础。

施纳屈指出了培养真实亲密关系的方法，那就是必须将注意力放在“想被理解”而非“想被认可”上。进行深刻的自我探索是保持爱情和热情的必要条件。我们必须打开心灵，与伴侣分享自己最深刻的需求和恐惧，甚至性幻想和生命的梦想。除了让伴侣认识到自己的努力，还要尝试真正理解对方。在此，我们可以设计一张爱情地图，针对自己伴侣的世界，帮助我们深入了解亲密伴侣的价值、热情、想法以及期望。

彼此理解是一辈子的事情，我们永远都可以发现并找到更多真正的理解。这样，两性关系也会变得有趣、刺激并且不断成长。如果我们将注意力转向去理解对方以及被理解，那么两人在一起相处的时候，无论是一起吃饭、照顾孩子或是性生活，都会变得更快乐、更有意义。

反思 想想看，有什么方法可以使你的伴侣更好地理解你？你可以怎样更好地理解你的伴侣？

用心去爱

导致亲密关系破裂的一个原因是，人们误认为找寻合适的伴侣是非常重要的第一步。然而，美满姻缘的第一要素以及最有挑战性的事，并不是找到那个“合适的人”（我并不相信世界上只有一个真正适合你的人），而是一段你用心经营的亲密关系。

这种把寻找看得比经营更重要的错误观念，有一部分来自浪漫的电影中那些两人经历了许多困难和考验才能在一起的故事。在电影结尾时，一对情侣终于走到一起，以热吻落幕，他们是否从此过着幸福美满的生活，我们不得而知。问题是，实际生活与电影中的情节有很大出入，通常爱情电影落幕的时候，真正的生活才正式开始，真正有挑战性的往往是以后能否幸福美满。

把找到真爱当成永久幸福的错误观念，很容易使两人忽略日后旅程的重要性。想想看，如果你找到了你梦想中的工作、梦想中的工作地点，那么之后你会不努力工作吗？想当然的心态当然会带来失败。在感情生活上，道理也是一样的：爱情里有挑战的日子是在柴米油盐开始之后。在两性关系里面，值得费心努力的“工作”就是用心经营亲密关系。

我们通过了解和被了解来经营与伴侣的亲密关系。通过对彼此的了解来加深两人的亲密关系，即做一些对他/她或对两人都有意义并且快乐的事。这样的爱的旅程会让我们坚定信心，并且创造出充满爱的幸福空间。

练习

感恩信

马丁·塞利格曼在积极心理学课堂上鼓励学生们写感恩信，并且去拜访他人表示感恩。我在课堂中采用了同样的练习，它通常会带来很好的效果，有力地增进了亲密关系（无论是对发信人还是收信人）。

养成给你关心的人写感恩信的习惯，包括爱人、家人、好友等。这并不只是一封信，它所代表的是你在与他人的关系中所获得的意义与快乐，比如你们在一起度过的快乐时光，以及两人共享的目标与梦想。

亲密关系专家约翰·戈特曼（John Gottman）说，根据两人对过去的解读就能预测他们的未来。如果两人注重的是以往的快乐，对过去的快乐记忆深刻，那么这段感情肯定有良好的发展。注重有意义和快乐的经历（无论过去或是现在）可以稳固并且加强亲密关系。而感恩信的内容正好突出了亲密关系中的积极面（过去、现在和未来），并起到了进一步加强的效果。

养成每个月写一两封感恩信的好习惯，对象可以是伴侣或者任何你关心的人。

完形练习

下面是一些不完整的句子，可以帮助我们从人际关系里找到更多的爱。它们有些是针对处于亲密关系中的人，有些是针对正在寻找稳定关系的人，有些则是两者都适用的。

相爱代表……

爱意味着……

要成为一个更好的朋友……

要成为一个更好的爱人……

在我的爱情里，如果增加 5% 的幸福……

在我的友情里，如果增加 5% 的幸福……

如果要把爱带到我的生命里……

我开始慢慢发现……

如果我能对自己的需要更负责任……

如果我可以静下来，好好地去体会爱的感觉……

第三篇

幸福像花儿一样

第 9 章
幸福的土壤：仁爱之心

不要问这个世界需要什么，而要问问什么会令你满足，
并且为之做点什么吧！因为这个世界需要的，
正是你为之付出的。
——惠特曼

教学是我的大分。我在集团里教过总裁，在大学里教过学生，还教过问题青年。讲课使我感到开心，它带给我当下的益处以及未来的益处——快乐和意义。我讲课是因为我想教（因为我热爱教课），并不是因为这些课需要我教（去满足他人的要求）。

换句话说，我不是一个利他主义者。我做任何事的最大理由（无论和朋友相聚或是当义工）都是因为它们可以让我开心。无论是用理论还是用实际行动去解释终极财富——幸福，它都是我所有行为的目的。

很多人都可能会觉得不安，觉得这是一种自私的行为，即以自己的幸福、私利作为所有行动的出发点。无论明确或不明确，这种不安的来源都是一种信念，即一种道德上的责任感。

当代最具影响力的哲学家康德告诉我们，要想使自己的行为有道德价值，必须以责任感为出发点。在只顾私利的情况下，我们的行为其实是没有道德价值的。如康德所说，如果一个人因为高兴而去帮助别人（因为那样可以使他开心），那他所做的事是没有道德价值的。

有些哲学和宗教相信牺牲是道德价值的来源。就像康德一样，他们相信，持续地以私利为出发点，最终只会带来与他人利益的冲突；我们如果不与自私倾向斗争，就会伤害他人，无视他人的需要。

世俗的眼光所看不到的是，我们并不需要在利他或利己上做出选择，它们是可以共存的。事实上，就像哲学家爱默生所解释的那样："人生最棒的补偿，就是世上没有任何人可以在不顾自己的情况下衷心地去帮助他人。"自助与助人是分不开的：帮助别人越多，自己就越开心；自己越开心，就越容易去帮助别人。

反思 回想一下你帮助人的时刻，再体会一下那种感觉。

图 9–1　助人与幸福感

助人与自助

为别人带来幸福，就是给自己带来意义与快乐，这就是乐于助人是幸福人生一大要素的原因。然而，这并不能解释为我们应该为了别人而活。如果我们不为自己的幸福打算，慢慢地，我们就会伤害自己，还会连带着伤害我们那颗乐于助人的心。一个不开心的人，不太可能会善待别人，由此带来的则是更多的不快乐。

芭芭拉·弗雷德里克森的研究指出，积极的情绪会使我们的视野更开阔。这样，我们就不会只是以狭隘的眼光看待这个世界，而是会关注他人的需要和期望。事实上，艾丽斯·伊森和珍妮弗·乔治在研究中也证明，我们越感到开心，帮助别人的可能性就越大。

我们最大的幸福来自意义和快乐，如果其中还带着助人为乐的成分，就锦上添花了。在做决定时，我们必须先问自己，什么能让自己感到幸福；然后再看看我们的行为，是否会剥夺他人追求幸福的权利。如果是，那么我们也等于在渐渐地摧毁自己的幸福。如果我们伤害到他人，那么我们意识上的倾向及内在的正义感早晚会让我们在终极财富上付出代价。

一些人执着于道德责任感，总是在牺牲中寻找生命的道德意义；然而，牺牲本身并不快乐（如果快乐，就不叫牺牲了），于是道德上的责任感就慢慢地使快乐与意义对立了。

幸福不是牺牲，也不是在现在和未来中二选一。它既不是纯粹的意义也不是单纯的快乐，既不是只关注自己也不是无保留地为他人奉献——它是所有能够给我们带来幸福的要素，是和谐共生的结果。

练习

仁爱的冥想

让自己进入一个平静的状态，利用第 2 章结尾的“幸福冥想”练习。

回想一下你曾经善待他人的经历，以及由此而产生的成就感。用心灵的眼睛，对视那个人感激的目光，认真地体会那种感受，并让它具体化。当你再次在心里看到对方并体会自己当时的感受时，试着消除心中自助和助人的界限。

现在想象一件未来的事，比如和朋友分享快乐、给爱人买花、给孩子读书，或为你所信任的团体进行捐赠。体会在每次经历中你所能感受到的深度幸福感。

第 10 章
幸福的肥料：幸福催化剂

竭尽所能让快乐与热情的时刻充满你的生命，
从一次小小的体验开始。
——马西娅·维德尔

在一个完美世界里，我们可以天天都做既有意义又快乐的事，而在现实世界里，对大多数人来说，那是不可能的。比如，为了孩子，一些单身父母无法放弃一份高薪但不快乐的工作，因为负担家里的日常开销、孩子的教育，是他们的首要任务。

其他一些人，可能会短暂地放弃快乐，为的是未来的大目标。比如一个大学毕业生，虽然他不喜欢每天 14 个小时坐在电脑前，但为了积累商业工作经验，他还是会这么做，并坚持两年。只要他记得幸福才是目标中的目标，他就不会掉进“忙碌奔波型”的陷阱（无止境地耽误自己的快乐），投入那两年的时间就是值得的。

大多数人都会经历“幸福饥荒”。我从未碰到过喜欢考试的学生，就算最有活力的工作也会有比较无聊的任务。无论是出于需要的还是出于选择，我们在生活中总会有无法快乐的时候。幸运的是，这不代表我们要在这种情况下放弃任何东西——无论是没完没了的考试，无聊的工作，还是为了子女而付出的努力。

谢尔登和琳达·豪泽－马尔科的研究指出，追求自我实现的目标（从事对自身有意义的事情）也会影响其他没有直接关联的生活领域：“那些能够确定符合自己内在价值和兴趣目标的人，更富有效率和弹性，并且会更有创意地把这些优势覆盖到生活的其他领域。”他们的信心、热情、充实感的确是会传染的。

具备意义和快乐的行为，就像暗室里的蜡烛，只需要一根就可以点亮整个屋子。一次幸福的经历，可以感染到我们生活中的许多方面。我把这些虽小但有连锁效应的事情叫作“幸福催化剂”——一些几个小时甚至几分钟的事，便可以为我们带来意义和快乐，不但会让我们在当下受益，也会影响我们的未来。

“幸福催化剂”可以启发并且推动我们。对某些单身父母来说，他们的“强心剂”可能是周末与孩子共处的时光。这种力量可以支撑他们度过繁忙的一周，让他们每天都有一种使命感，让他们活力充沛，帮助他们在工作上表现得更加出色。而对某个年轻的投行工作人员来说，每周两小时的社区服务，加上和朋友的温馨小聚，可以帮助他缓解工作的乏味。

我最近邂逅了一个做顾问的朋友，他说他已经不再喜欢这份工作了，但又不愿意放弃。他和家人长期以来已对现状有了惰性依赖。我向他介绍了“幸福催化剂”这个方法，他欣然接受了。现在，他每周至少花两天的时间和家人共处，至少打一次网球，并且花 3 小时阅读自己喜欢的读物。他还参加了母校的董事会，期待能为下一代带来更好的教育。就像他之前从不缺席与客户的约谈一样，他现在绝不会错过与家人共处的机会或学校的董事会会议，他还会给自己留出时间独处。他给我的反馈是：他已经好久没这么开心了。

反思 你的“幸福催化剂”是什么？什么样的活动可以让你感觉焕然一新，并且带给你意义与快乐？

培养好习惯

“幸福催化剂”还可以帮助我们度过困难的转变期，因为即使我们已经认识到改变的必要性，改掉旧习惯也是很困难的。17 世纪英国诗人约翰·德莱顿（John Dryden）说过，“我们养成了习惯，然后习惯造就了我们”。如果我们选择了忙碌奔波的习惯（从年轻时就开始），那么摆脱它则是十分困难的。同样，享乐主义的生活不仅具有毁灭性，还会让人上瘾，沉溺其中。如果想让生活变得更好，一个比较容易和简单的方法就是使用“幸福催化剂”。

从小事情着手比大幅度改变的阻力小得多，无论是对当事人而言还是对他的家庭、同事、身边的朋友而言。比方说，在你准备从商界直接跳到教育界之前，可以每个星期去校区做一天义工，看看教育是否真能为当下与未来带来收获。如果不是，那么完全可以把心思放回炒股上面，尽可能地保证这些变化能让自己更幸福。只要勇于尝试，在确保风险最小的情况下，“幸福催化剂”确实有帮助我们找到幸福感的功效。

人们都希望天天幸福。当然，这很难做到，多数人都会在晚上或周末来享受生活。但大家经常犯的一个错误就是：真正到了那个时候，我们不是什么都不做，就是整天坐在电视机前。在许多人看来，与其积极追求幸福，不如做一个暂时的享乐主义者。在无所事事的情况下，人们更容易睡着，并且给自己一个“我太累了”的借口。

与其什么都不做，那么为什么不去做一些有挑战性的事呢？这样可以给予我们新的力量。就像玛丽亚·蒙台梭利博士所说的，“完成一项令人愉悦的任务才是最好的休息”。“幸福催化剂”能够带给我们的，除了幸福，还有更旺盛的精力。

练习

放大幸福

按星期列一张“幸福催化剂”的清单，然后按照上面的计划去做。它可以包括一些日常的安排（和家人或朋友相聚、阅读等），以及一些有新鲜感、可能改变生活的活动（比如去学校当义工），然后看看这些事情能不能成为你改变生命的动力。此外，最好能把这些活动养成习惯。

第 11 章
幸福的根：幸福深度

幸福只能靠自己。

——亚里士多德

我的妻子塔米对幸福的高度和深度进行了如下区分：幸福的高度是指我们生活中体验到的情绪波动，它有高潮和低潮；幸福的深度则指我们内心深处基本的幸福感。比如，“忙碌奔波型”的人在成功后，其喜悦是短暂的，但这不会影响他们整体的幸福指数。幸福的深度就像树根，提供养分，是生命的支柱。幸福的高度则像树叶，美丽而有魅力，但生命是短暂的，会随着季节改变直至枯萎。

许多心理学家和哲学家常常发问：幸福的深度是否能改变？要想拥有终极财富，是不是一定会经历一些波折？

马克斯韦尔·马尔茨（Maxwell Maltz）在他的经典作品《心理控制术》（*Psycho-Cybernetics*）中提到了一种类似温度表的内在装置，其功能是测量以及控制我们的幸福指数。对大多数人而言，这种仪器的设定一生都不会有太多改变，过高或过低的偏差都会很快被修复，使我们回到幸福的状态。当然，好运来时（例如中大奖或是找到梦想的工作的时候）我们自然会很高兴，而不如意时（当我们失去什么的时候）就会悲伤。但这些情绪都不会停留太久，无论情绪好坏，幸福的深度不会改变，而且我们很快就会回到之前的安定状态。

著名的“明尼苏达双胞胎试验”发现同卵双生的双胞胎有相同的个性特征，而且他们的幸福深度也相同。出于这个原因，许多心理学家认为，人们的幸福指数是受基因影响的。另外一种说法则认为幸福指数是由儿时的经历生成的，成年以后就很难再去改变。心理学家戴维·莱肯和奥克·泰利根的结论是：“追求幸福就像成年人想要再长高一样，是一种适得其反的行为。”

这类结论把我们的幸福感解释成预定的形态，这其实是一种误导。他们忽略了太多可以改变幸福感的因素，忽略了人们可以变得更快乐的潜力。比如，一位天才心理治疗师可以帮助人们发现更多的幸福。通过认识一个新朋友、阅读书籍、欣赏艺术品或者联想到一个新思路，都会让人们的生活变得更美好。

反思

什么样的经历或什么人在你的生命中给你带来了幸福?

虽然先天因素对幸福感有一些影响（有些人天生就比较积极，有些人则比较悲观），但我们的基因只是一个范围，而不是一个设定值。坏脾气的人可能无法像天生乐观的人一样去看待生活，生来就怨天尤人的人也可能永远无法让自己转变为一个盲目的乐天派，但所有人确实都可以变得比原来更幸福，大部分人在追求幸福这一点上都没有发挥出真正的潜能。

在回顾与幸福有关的文献时，索尼娅·柳博米尔斯基、谢尔登和戴维·施卡德认为人类的幸福感主要取决于三个因素：遗传基因、与幸福有关的环境因素，以及能够帮助我们获得幸福的行动。基因当然是没法控制的，我们对外部环境也没有太多的掌控权，但在行为和练习上我们则拥有决策的力量。按柳博米尔斯基所解释的，这个因素是“增强幸福感的最大因素”。追求有意义和快乐的事，可以明显增强我们的幸福感。

悉心品味生活

那些认为幸福深度是固定值的心理学家都犯了一种通病，他们拿大部分人的资料作为证明，却忽略了那些与众不同的少数人群。即使在“明尼苏达双胞胎试验”里，也有幸福程度不同的双胞胎。在其他一些研究中，并非所有人（100% 的研究对象）在经历特殊事件后都能恢复到原来的幸福指数水平。

结论通常只是一种模糊的、大概率的表示，不代表确定的或者具有普遍性的事实，而往往是那些通常范围之外的特例为我们指明了真相和光明的道路。这些人在他们的一生中越来越幸福，消除了那种认为幸福感难以改变的误解。所以现在的问题不是可不可能，而是怎么去做。本书没有完整的答案，但肯定回答出了一部分——将注意力从追求物质和名利转向追求终极财富的人，绝对可以提升他们幸福的深度；同时，追求当下和未来收益的人，长此以往也肯定会越来越幸福。

幸福深度难以改变的说法不只是误导，它还有潜在的危害性。有人如果被误导，相信无论怎么努力都不可能改变幸福的深度，那他自然就不会去努力了。同时，他也会慢慢地把这种想法当作理所当然的了。更糟糕的是，由于他相信情况是无法改善的（虽然建立在错误的观念上），因此他的人生将充满无助与绝望，他也终将成为一个虚无主义者。

我们都会有自己天生的个性，虽然我们没有能力控制外在因素，但我们可以掌控自己的时间。正如心理学家、诺贝尔奖得主丹尼尔·卡尼曼所说，“对于增强幸福感，适当地运用时间可能是最重要的”。大部分人之所以无法发挥追求幸福的潜力，主要是因为时间运用不当——忙碌奔波、坠入享乐主义的深渊，或放弃自己并成为一个虚无主义者。在有限的时间里，其实蕴藏了很多幸福的潜力，以及拓展充实生命的可能性，如果能善加利用，时间就会成为幸福的看护者。

我们追求幸福的努力应该是一个永无止境的、不断收获和成长的过程，我们可以得到的幸福是无限的。在追求既有快乐又有意义的工作、学业和情感时，我们只会更加幸福，这种经历不是树叶般短暂的美丽，而是根深蒂固的永恒的幸福。

练习

欣赏式探寻

自20世纪80年代起，戴维·库柏里德和他的同事们一直致力于一个关于个人和企业的革命性的改变方案。与其关注什么是无效的，比如大部分干预计划和顾问咨询所采用的方式，不如像

“欣赏”式探寻所注重的，明确什么是有用的，然后在这些方面做出努力。他们的方法是有意识地认可有价值的东西，并且提升它的价值（和经济原理一样）。我们需要做的是，以过去的积极经验激发现在，创造更美好的明天。

你可以自己完成这个练习，但最好是和一个同伴或是一个小组一起。和其他人一起做的时候，大家应该轮流发言，说说什么曾使你感觉幸福——它可以是一顿美食，和家人相聚的时刻，工作中的某个项目或者你去听的一场演唱会。仔细阐述一下，是事情本身还是你在其中和他人的共同经历让你感到幸福？是因为它带给了你挑战性，还是你看到了什么神奇的事情？

最后，请自问怎样才能用你所学到的东西（你个人的经历与他人的经历）启示你的未来？写下一个可以让你更幸福的承诺，然后与他人分享。

第 12 章
幸福的阳光：内在的力量

对于大多数人来说，

他们认定自己有多幸福，就有多幸福。

——林肯

我们追求幸福的能力是上天赋予的，任何人、宗教、思想或政权都无法把它夺走。在追求幸福的过程中，最大的障碍就是我们内心的障碍——那种觉得自己不配得到幸福的错觉。

我在书中所提到的幸福理论（我们生活中所需要的快乐和意义），还不足以保证持久的幸福感。从某种程度上，我们可能觉得自己没有资格获得幸福，那么很自然，我们追求幸福的能力也会减弱。我们有时会忽略一些幸福的来源，有时会注重一些不幸福的事情，我们还可能会做一些威胁自己幸福的事，去想那些不开心的往事。

许多人从事那些容易找到并能长期获得优厚报酬的工作，哪怕明明知道自己并不喜欢这份工作；许多人宁可在不良关系里孤独绝望，也不用心去找一个可以共同生活的伴侣或者与当前的伴侣培养幸福的关系；有些人的工作既快乐又有意义，但还是找不到开心的理由；有些人本有着美满的关系，却自己把它破坏了。以上这些事情，我都做过，它们侵蚀了我幸福的基础。

一个人为什么会剥夺自己的幸福呢？玛丽安娜·威廉森在《爱的回归》（*A Return to Love*）一书中说：

> 我们最大的恐惧不是觉得自己不行，我们的恐惧来自害怕自己的潜能，因为它远远超出我们的想象。我们最怕的是自己的优点，而不是缺点。我们常问自己："我们凭什么觉得自己是杰出的、美丽的、有能力的或才华横溢的？"但真正应该问的是："为什么不呢？"

为什么我们不能开心呢？为什么优点比缺点恐怖呢？为什么我们会觉得自己不配得到幸福呢？

我们追求幸福的阻碍有外在和内在两种因素，以及文化背景的不同和心理学界的偏见。在我们的基本意识里，那种追求幸福的基本权利，那种高贵而珍贵的追求，受到了各种质疑和诋毁。许多文化传统都认定人类天生就是邪恶的，认为人类崇尚破坏和杀戮，无可救药。就如哲学家托马斯·霍布斯所说的“孤独、贫困、污秽、野蛮又短暂”。谁会赞同让这些“野兽”得到幸福？也难怪我们会感到黑暗要比光明更适合自己了。

这些错误的观念其实也不全是从传统中习得的。很多人的障碍是自生的——当我们觉得自己不配得到幸福时，我们就很难去感受生命里那些美好的事物，那些能带给我们幸福的事物。由于我们不相信那些是应得的，不相信那是我们所有的，我们才会害怕失去它们。这些恐惧感所引发的行为制造了一种能够自动实现的咒语：我们害怕失去，却导致真正的失去，而我们感到自己不配得到幸福则会真的不幸福。

一个害怕失去的人会通过让自己变得一无所有来保护自己。我们感到幸福意味着我们拥有很多值得幸福的东西，为了避免失去所拥有的，我们不敢拥有太多。我们为最坏的情况而担心，所以一开始就已经把最好的排除了。

就算找到了幸福，我们也可能会为了别人的不幸而感到惭愧。一种错误的暗示就是：幸福是有限的，如果我得到了，别人就得不到了。威廉森说：“当我们让自己的光芒闪耀时，我们会不自觉地感召他人也加入这个行列。当我们摆脱自己的恐惧时，我们充满朝气的变化自然会解救他人。”所以只有让自己从无法幸福的想法中跳脱出来，我们才可以真正帮助其他人获得幸福。

全然接纳自己

幸福的生活需要内在价值观的支撑，就像纳撒尼尔·布兰登所写的，“要想找到价值，人们必须相信自己有资格享有这种价值。若要为幸福而奋斗，人们必须相信自己有资格拥有幸福”。我们必须接受自己的核心价值，接受真正的自己，把虚荣的东西抛开。我们必须相信幸福是应该得到的，我们必须相信我们的存在是有意义的，因为我们生来就有享受快乐和意义的权利。

当我们不接纳自己与生俱来的价值时，我们其实是在忽视或削弱自己的能力、潜力、喜悦和成就。比如说，我们可能会使用“是的……但是……”这个句式：“是的，我的生命里有快乐也有意义，但是如果它们无法持久呢？”“是的，我热爱我的工作，但是我要是像以前一样又感到厌倦了呢？”“是的，我找到了我的真爱，但是如果她离开我呢？”拒绝接纳已来临的幸福，只会带来不幸福；而长期的不幸福，则将带来虚无主义。

反思 是否有任何外在或内在的因素阻止你追求幸福？

在我们收到一份礼物之前，无论这礼物来自朋友还是大自然，我们都必须事先有接受它的意愿。一个盖着盖的水壶是无法装水的，无论你再怎么努力，怎么尝试，水只会流在外面，而不会灌满水壶。内在的价值感是一种接受的态度，一种接受幸福的态度。

练习

完形练习：跨越幸福的障碍

以下是一些未完成的句子，用来帮助你超越一些有可能阻碍你获得幸福的障碍：

妨碍我追求幸福的东西是……

如果能更深刻地认识到我们是有资格获得幸福的……

如果我拒绝依照别人的价值观去生活……

如果我成功了……

如果我允许自己快乐……

当我对自己感到满意时……

要为我的生活带来更多的幸福……

我开始渐渐地发现……

持续地做以上和之前的句子填写练习（无论是本书还是布兰登书中所列出的）。这些简易的练习，可以在洞察力和态度改变上带给你惊人的效果。

第 13 章
幸福的成长：心灵的智慧

如果我们能在 80 岁的时候出生，
然后慢慢走向 18 岁，
那生活将会幸福无比。
——马克 · 吐温

想象一下，当你 110 岁时，诞生了一部时光机，而你被选中进行首次试用。发明人是美国国家航空航天局的一位科学家，他说："你将会被传送到你读这本书的那天，而你这个有智慧并且人生经历丰富的老人，只有 5 分钟的时间，去和那个经历浅薄、年轻的自己交谈。"请问，你在见到"他"后会说什么？你会给"他"什么样的建议？

向自己提问

我之所以想出了这个实验，是因为我看了心理医生欧文·亚隆有关晚期癌症病人的记录：

> 在与死亡抗争的过程中，许多病人进入了一种境界，而这种境界要比他们在生病前丰富得多。许多病人感到自己对生命的看法有了显著的改变：他们不再看重琐碎的事情，重新找到了生命的控制权，毅然放弃了他们不愿意做的事，加强了与家人及朋友之间的沟通，全然活在当下。当一个人将注意力从琐碎的假象上移开时，他便能更加关注身边环境，也能够满怀感恩地感受周围的一切，例如季节轮转、最后的春天以及他人的爱。我们不断地听到病人们说："我们为什么要等到现在，等到得了癌症之后，才真正学会重视与感恩生命？"

在众人的叙述里，最令我感到震撼的是：他们在听闻噩耗之后，才开始充实地生活。他们还是一样的人，并没有人教导他们如何生活，也没有希腊的先知教给他们幸福生活的秘密，没有医生给他们吃什么催化剂之类的东西，他们更没有去读什么励志的书籍。

但是，带着他们长久以来一直具备的能力（之前却无法使他们快乐），他们的生命改变了。他们并没有学到新知识，却发现了一些他们一直都拥有而没发现的东西。换句话说，他们本来就拥有如何能更加快乐地生活的知识，而他们之前忽略了，或者根本没有意识到。

时光穿梭的实验告诉我们，生命是何其短暂与珍贵。当然，110 岁的人拥有更多的经验，在生命中并没有捷径可以让人们更快地得到这些经验，但其实很多 110 岁的人拥有的智慧，我们在 50 岁或 20 岁时就已经有了，关键在于我们是否能意识到这一点。萧伯纳曾风趣地说：“人类的青春不应该浪费在年轻人身上。”

反思 是否发生过一些事使你改变了你的生活？你是否按照自己的洞察儿或知识来应对？

其实无论是哲学、心理学还是励志书籍，都无法在获取终极财富的知识方面教给我们更多新的东西。通常，一位老师或一本书能帮助我们更清楚地了解一件我们已经知道的事。最终，我们的进步、我们的成长和我们的幸福，却都来自我们认识自己以及向自己提问的能力。

练习

内在智者的建议

想象一下你已经 110 岁，给自己 5 分钟时间，告诉自己（写出来也可以）如何才能在生活中拥有更多幸福。把答案写下来，然后尽可能地将这些想法付诸行动。打个比方，如果你希望自己变老后能和家人多多相处，那么从现在起，给自己多安排一些和家人一起的活动。

经常做这个练习，看一看自己所写的，随时增添，然后反馈一下，看看自己是否按照那个“智者”所建议的去做了。

第 14 章
享受幸福的花朵：淡定从容

金子般的美妙时光曾在生命中荡漾，
我们却视而不见，任凭沙石掩埋；
天使曾降临我们身边，
我们却浑然不觉，
唯有她离去时才恍然醒悟。
——乔治 · 艾略特

写这本书对我来说是既有意义又快乐的一个过程，但其中有一段时间，大概是 2006 年夏天，有一两个月我忽然不想再写书了，觉得它真是一件苦差事，而且缺乏灵感和享受。为什么会这样？因为当时我缺少了一样东西——时间。

那个夏天，我正在为 7 月 1 日（约定的日期）交稿做最后的修订。同一时间，我也在全美奔波，忙于工作坊和演讲事宜。虽然我是在做自己喜欢的事——教书、写作，但由于手上事情太多反而影响了自己的幸福感。

事实上，许多人都犯了同样的错，而这刚好可以解释丹尼尔·卡尼曼的研究。在他的研究里，女性需要写出前一天所做的事情，然后对那些事情做出评价。这些女性所写的事项有饮食、工作、照顾孩子、购物、交通、社交、亲密关系和家务劳动等等。结果她们在总结中获得的最意外的发现是，妈妈们并不能从和孩子在一起的时间中获得享受。

卡尼曼作品的合著者之一诺伯特·施瓦茨解释了以上研究中一个违反直觉的结果：当人们被问到是否享受与孩子在一起的时间时，他们最先想到的是相处时的快乐时光，比如给孩子讲故事或者去动物园玩耍等等；但他们没有把另一些事情考虑进来，比如孩子哭闹、惹人烦躁的时候。毋庸置疑，大部分家长喜欢带孩子的经历（甚至认为这是他们生命中最有意义的事），但由于私人时间及快乐成分的减少，他们的幸福感受到了影响。同时，手机、电子邮件和其他现代联络方式也会使原本有意义和快乐的事情变得有紧迫感。“当多个任务同时需要我们分配时间的时候，我们很难专注于眼前的事情，这也就影响了我们享受生活的能力。”

时间压力是很普遍的，有时甚至成为整个社会压力加重的原因。我在 6 年的教书生涯里曾经扮演的一个角色，就是帮助学生们打造一份更漂亮的简历。让我感到十分惊讶的是，每一年学生的表现都比以往更好，至少书面上看起来如此。起初，他们的成绩让我印象很深刻，直到我发现他们为了简历上更多的荣誉所付出的代价。就像在本书开头时我所提到的研究，有 45% 的大学生感到沮丧，这其中有 94% 感到“无论我们做什么事，都有种被压得透不过气来的感觉”。

我们都太忙了，总是希望在更少的时间里做更多的事情。其后果是，我们忘了对身边的事以及对所拥有的感恩，忘了享受它们，比如我们的工作、课程、一段音乐、身边的景色、我们的心灵伴侣，甚至我们的孩子。

反思 在什么领域里，你会因为时间压力而感到幸福感在消减？

在这个快节奏、忙碌奔波的世界里，我们怎样才能多享受一下生活呢？关于这个问题的答案，有好消息也有坏消息。坏消息是，世界上并没有魔术，我们只能简化生活，只能自己减速；而好消息是，简化和减速这样的举动并不会影响我们取得成功。

简单即幸福

在 19 世纪时，梭罗曾经劝告与他同时代的人，减少他们日常生活中的复杂性：“简化！简化！简化！做两三件事就够了，而不是 100 件或 1 000 件事；与其数到 100 万，还不如数到半打。”由于我们现在的生活越来越复杂，做事情分秒必争，所以将梭罗的话应用于当今社会就更贴切了。

时间是有限的，而在有限的时间里有许许多多必须做的事，这将使已经短缺的资源日益减少。超负荷的忙碌，加上日常生活的压力，导致我们在生活中有很多不快乐。研究者苏珊和克莱德·亨德瑞克指出了简化对感情生活的重要性：“如果我们可以帮助人们简化生活，帮助他们降低压力指数，那他们的关系（包括爱和性）肯定会大幅度地得以改善。同时，他们的心态也一定会更积极。”

心理学家蒂姆·卡塞尔通过研究指出：时间上的富裕比物质上的富裕更能带给人们幸福感。时间上的富裕，代表人们有更多的自由时间去追求对个人有意义的事情，有更多的时间去反思，去享受快乐。相反，时间上的窘迫给人的感觉是经常性的压力、忙碌奔波、工作过量，以及挫败感。

要想提升我们的幸福感，简化生活是一个最佳的方法。这代表“捍卫”我们的时间，学会说“不”（无论是对事还是对人）

是一件不容易的事。它代表对生活进行排序，并且选择自己真正想做的事。同时，我们也要学会放弃其他一些琐碎的事。幸运的是，做得少并不代表做得不好。

本书强调的一个重点是：成功与快乐是可以共存的。我经常会去挑战“一分耕耘，一分收获”这个格言。当然，在成长中必然伴有一定的“苦痛”（比如说肌肉疼痛或是个性带来的痛苦），但如果因此就下一个无法快乐并且完整地成长的定论，就有点儿荒唐了。比如说，心流体验就说明高峰体验（享受自我）和高峰表现（完全地发挥自我）是有关系的。心流体验是要以事情既不太难也不太容易的情况为前提的。同样的理念也可应用在时间管理上。

特里萨·阿马布勒（Teresa Amabile）在《哈佛商业评论》上发表的《枪口下的创造力》中，打破了以往“只有有压力的工作才能带来出色结果”的理论，指出“枪口下的创造力，通常都会遭到枪毙的命运。虽然时间压力会使人们做得更多，也可能会让他们感到更有创意，但事实上，压力下的创意水平都是比较低的”。当然，努力工作是成功的必要因素，但如果太拼命工作，就会带来相反的效果。

时间压力会带来挫折感，而当我们感到受挫或经历其他的负面情绪时，我们的思路会变得狭隘、短视、渺小以及缺乏创造力。阿马布勒的发现证明了人们对这个事实缺乏了解——他们通常会认为，压力越大就越有创意。这也解释了为什么逃出压力的魔掌会这么难，因为这就是典型的“忙碌奔波型”——对创造力的误解造成了持续的压力。

阿马布勒还解释了一个叫作“压力宿醉”的现象——受损的创造力在压力过后仍然还保留着，甚至会渗透到以后的生活里。当我们同时做太多的事情时，我们所威胁的是自己完整成长的机会，无论是算得出的成果还是在财富上的损失。像超级企业家摩根所说的，“一年的工作完全可以在 9 个月里完成，不能 12 个月都工作”。有时候，少做一点儿事情反而可以带来更多成果。

虽然我们可以从单个活动中找到快乐，但有时在整体上仍然会感到失落。即使是世上最好吃的美食（比如巧克力、千层饼或汉堡），在狼吞虎咽的情况下，我们也无法尝到其中的美味。做事的道理也是一样，无论多么“好吃”，如果我们吃得太快或吃得太多，东西就会变味。数量会影响质量，好东西也不能过量食用。

品酒专家绝不会一口把葡萄酒喝完。若要尝试其中的美味，需要先闻一下，然后慢慢品尝，这是需要时间的。成为生活的鉴赏家，享受生活中点点滴滴的美好，也是需要时间的。

练习

简化！

回到第 3 章的练习——“人生地图”。你如果还没有完成或者早就做完了，就写下你在过去一两周里做的事。回顾自己的人生地图，然后回答以下问题：我可以简化哪部分？我可以放弃什么？我是否花了太多时间上网或者看电视？我是否可以减少工作中的会议，或是缩短开会的时间？我是否对一些可以说“不”的事情说了“好”？

制订计划以减少过多的忙碌。另外，在那些带给你意义和快乐的事情上，倾注你最大的注意力和努力，比如和家人相处、致力于某个工作任务、研究园艺、冥想、看电影等等。

第 15 章
幸福至上的原则

生活在这个世界的人必须明白，
追求物质享受无法带来真正的幸福，
他们的总体生活品质甚至比那些
从未企图追求物质的人还要低。
——奥利弗·温德尔·霍姆斯

科学革命带来的益处数不胜数。在农业方面，农民不再需要祈祷上苍，而是可以把精力都放在耕种上面。在医学界，我们从依靠巫医的偏方进步到使用青霉素，人类的平均寿命从中世纪的 25 岁提高到了今天的将近 70 岁。在天文学方面，臆想中骑在乌龟背上的平面地球，变成了一颗绕着太阳转的行星。人类踏上了月球，而且还在不断地扩大我们的边界。

人类对科学充满信心，科学甚至已经成了现代世界的新信仰。但仅是科学本身还不足以解决我们的所有问题，而我们对科学无所不能的信任，也促生了一些新的挑战，其中一个挑战就是科学所带来的副产品——“物质至上”的观念。

在现代世界，科学革命摒弃了迷信的东西（比如“雨神”、巫医或巨型乌龟等），然而随着这些迷信的东西被摒弃，非物质和无法以数计算的东西，也都被摒弃了。而幸福和灵性由于是非物质的东西，在当今社会里失去了它们的重要性。“物质至上”的观念，带给人们的是对物质的疯狂索求，以及随之而来的不幸福感。一种可以取代“物质至上”的观念，就是“幸福至上”的观念，倡导我们把物质财富放在第二位。

幸福至上，就是要把幸福视为终极财富以及所有目标中的终极目标。幸福并不是要我们摒弃物质，而是把它从生命的第一位移开。亚里士多德在写出“幸福是生命的意义和使命，是我们的最高目标和方向”时，已经把他的观点表露无遗了。一位僧侣也说过同样的话：“无论一个人是否有宗教信仰，无论他的信仰是什么，生命的真正使命都是去追求幸福，生命的每一个举动都是通往幸福之路的。”幸福是生命的衡量标准，它对我们本身甚至整个社会都具有极大的影响。当我们意识到并且将幸福作为终极财富时，我们才能享受到真正的平静与快乐。

当我们的目标是追求意义和快乐，而不是如何赚更多钱或更大的名声时，我们自然可以从人生旅途里获得更多。当今社会的一个现象就是，由于普遍受到“物质至上”观念的影响，太多人在自问时都问错了方向：学生们想的是怎么才能从学校里获得更多日后可以赚大钱的知识；选择工作时，人们的重点只是放在薪水的多少以及升职的可能性上面。如此，难怪压力指数会不停地上升。

对幸福的理解引导我们思考这样的问题：“什么才能使我快乐？”其重点是找出三个中心：“什么对我有意义”“什么能带给我快乐”“我的优势是什么”。幸福就是问自己“我的使命是什么”，并且发掘我们在学校里、工作和生活中真正想要做的事。当我们经常问自己这些问题时，我们获得终极财富的机会自然就会多了。

成就幸福的社会

我相信传播对幸福的理解可以为整个社会带来一场革命，这场革命不需要任何外来的力量，也没有任何外来的力量具备这个能力，它是一个理智的选择（选择认可幸福为终极财富），也就是选择去追求幸福。幸福革命的成功，取决于人们认可它的时间（无论是理论上还是实际行动）以及是否把它看作终极财富。虽然大部分人在理论上都认同这一点，但实际研究显示，他们还是被“物质至上”的观念影响。对幸福的理解，可以将我们从现代“大萧条”里拯救出来。它对社会的意义绝不仅仅是提升人们的幸福感。

如果大部分人可以将“物质至上”观念转变为“幸福至上”观念，那么将会是怎样的一种情况呢？首先，嫉妒感在个人和社会层面将会大幅度下降。在一场关于领袖学的讲座中，一些人指出了职场里的人与即将被煮来吃的螃蟹的相似性：当一只螃蟹想从锅里爬出来时，其他螃蟹会把它拉回去，并不是因为这样可以使它们自己逃生，而是它们不愿意在自己被烫死时看到其他螃蟹死里逃生。这种需要打击其他人的观念，来自当今社会错误的价值观，一种认为资源有限的错觉，例如一个人的成功意味着另一个人的失败，也就是此消彼长的想法。

更广泛地说，如果“幸福革命”获得成功，那么个人及世界的纷争将会减少很多。战争的目的大都是土地、石油、黄金或者其他物质财富，这些发动战争的国家领袖误解了一点，那就是误认为他们国家的（以及他们自己的）终极财富是物质上的富裕。

对“物质至上”的坚持，的确会带来个人与国家之间的纷争，因为物质确实是有限的。制止纷争唯一的可能性，就是让双方都发现幸福才是最重要的事情。由于幸福主要依靠内在，所以在追求幸福的过程中是不会产生任何纷争的。幸福的资源不是以数字计算的，一个人或一个国家的幸福感，也不会影响其他人或其他国家。对幸福的追求不是数字游戏，人人都可以更幸福。就像佛祖所说的：“一根蜡烛可以点燃一千根蜡烛，而它自己的生命却不会受到任何影响。幸福不会因为分享而被削弱”。与物质的东西不同，幸福是无限的。

抑制个人与国家间的纷争，并不只是和平主义者的使命；只注意短期的和平而忽视长远的危机，也不会带来任何幸福或真正的和平。当然，一个被攻击的人或国家只知道去跟对方说“幸福才是终极财富”的道理也是没有用的，幸福的舞蹈是要两个人一起配合才能完成的。

反思

无论是实践还是理论方面，你要做出什么样的改变才能使自己更接近幸福之路？

“幸福革命”不需要外在的改变，它是一场全程内在的革命。它不需要几百万人为它抛头颅、洒热血，而是一场理念革命，使自己能够摆脱物质的迷惑，追求真正的终极财富。

“幸福革命”是指创造出一个新社会——一种广泛的改变，使整个社会对每个人的存在都有更高、更清醒的认识，即幸福至上。如果有更多的人能意识到幸福不是一个“零和游戏”，意识到追求幸福并不会引起纷争，意识到追求幸福以及帮助他人其实是相辅相成的事，那么，当“幸福革命”成功时，我们所看到的将不只是一个更幸福的社会，而且是一个更和谐、更仁爱的社会。

练习

解决冲突

想象你和他人的一场纷争，无论大小，把它写下来，看看它从你和对方身上所剥夺的终极财富。想想看，是否值得这样做？如果不值得，就想想有没有方法可以解决这个问题，一个可以为你和对方带来幸福的解决方案。

比如说，对一个让我失望的朋友，我是否应该记仇呢？这样做可以为我或他带来任何幸福吗？我是否应该把问题提出来，与他好好沟通，然后恢复我们的友谊，继续追求我们的终极财富？

对他人的行为感到生气不是错误的，是自然的，它甚至是一种正确的感觉。比如说，当我们的国家或家园遭到攻击时，有时一味地去争取和平是没有用的。但在大部分情况下，人们真的可以放下对家人、朋友、其他任何人一些不必要的愤怒或仇恨，用更为妥善的方法解决冲突。

无论我们是决定原谅还是继续追究，重点是要以幸福为衡量标准。在这个过程中，我们所要问的问题是："怎样做才能带给我更大的幸福感?"

结语

欲变世界，先变其身。

——甘地

我对整个社会走向一个充满正能量的未来非常看好。我相信，人们可以找到称心如意的工作，带给他们当下以及未来的益处；人们可以找到终极财富的来源，也可以找到快乐并且有意义的美满姻缘。“幸福革命”终会有成功的一天，但我不相信这些改变可以马上实现。

在本书中，我提供了一套巧妙并且具有建设性的幸福理论，但生命往往既不巧妙，也没有什么建设性。理论最大的功效，就是在生命中建起一座平台，一个我们可以上去询问正确答案的地方。当然，把理论转变为行动是艰难的。改变根深蒂固的一贯思维，改变自己和这个世界是需要付出极大努力的。

当发现理论难以应用到现实中时，人们一般都会选择放弃。但奇怪的是，人们可以为了物质而奋不顾身，在追求幸福的过程中却可以轻易放弃。如果我们想要得到幸福，就只能努力；不要幸福也很简单（什么也不做），但若要幸福就一定没有快捷之路。

还等什么?

有一次，我和朋友金在普拉文斯城散步，看着街道旁那些古雅的商铺，听着海浪拍打岩石的涛声，呼吸着那带有咸味的空气，感受着在一个美丽小镇度假的美妙滋味。

当时，我还是一个学生。我告诉金，毕业后我要搬到一个像普拉文斯城的地方。在我看来，那是一个没有时间压力、没有竞争的地方。我觉得，在那里生活就可以得到我此生追求的安宁了。我当时常想，毕业后我要搬去一个安静的小镇，但在把它说出来后（它们变成了一种实质的东西）我却感到了不安。

我是否掉进了未来的陷阱？我真的要等到毕业后吗？本书的内容是我和金两人一起研究的，我们经常讨论有关幸福的话题。其中一点是，如何在竞争激烈的环境中、巨大的工作压力下以及极其快速的生活节奏中找到宁静。金说：“安宁必须是内在的。

如果你觉得开心，那种幸福就是可以传递的，走到哪儿带到哪儿。”她接着又说：“外在的东西并不是不重要，只是它们无法使我们真正快乐。”

我们经常会想，当达到某一种新境界时，就会有一种成就感，得到安宁并拥抱幸福。我们会告诉自己，当达到某一个目标时我们就可以平静下来。我们告诉自己，大学毕业后，或者在找到好工作赚很多钱、建立了家庭、有了孩子之后，或者在达到其他的人生目标时，这些就会实现。但大多数情况下，当我们实现那个目标之后没多久，就又会回到之前的幸福水平上。如果我们经常焦虑或紧张，就算达成了一些目标，不用多久，那些焦虑和紧张就又会出现了。

“忙碌奔波型”的人通常有一种控制未来的欲望，结果他们总是活在未来。他们宁可活在紧张、充满假设性的未来，也不愿意活在平静而真实的当下——如果我考试考不好怎么办？如果我无法升职怎么办？如果我无法支付房贷怎么办？正如诗人高尔韦·金内尔（Galway Kinnell）所说，“他们无法享受当下，反而让对未来的担忧笼罩了一切”。

那些活在过去的人，他们一样无法享受当下的生活。他们不断地在脑海里重复播放着不好的过去，他们先尝试了“忙碌奔波型”生活，接着是“享乐主义型”生活。他们不断思索：为什么努力经营自己的情感却总是失败？为什么尝试了许多份工作却始终找不到使命感？由于总是不断地重复过去，由于无法找出不幸福的原因，他们便放弃了获取幸福的潜力。

因此，与其让自己被过去或未来束缚，我们不如学会珍惜当下的每分每秒。

从现在开始！

一般人对幸福的一个误解是，他们总觉得某一样东西可以最终改变他们的幸福感，比如说一本书或是一位老师、一个梦中情人、某件事情的成功、一个奖品或一个伟大的发现。当然，以上事情确实可以为我们带来很多快乐，但它们都不是永久的。如果相信这些神话，就只会导致失望。任何幸福的生活绝不是源于某一件重大的事情，幸福的生活是累积而成的，无论是那些刻骨铭心的经历还是点点滴滴的瞬间。

想要拥有幸福的生活，想要发挥追求终极财富的潜力，我们首先应当接纳“活在当下”的理念，也就是关注那些日常生活中的细节，那些普通、平常的小事，比如我们可以从与亲人相处、学习新知识以及工作任务中获得意义与快乐。日常生活中这些快乐的事情越多，我们自然就会更幸福。从现在开始！

致谢

本书的写作得到了许多朋友、老师和学生的帮助。当我第一次把草稿交给金·库珀时，我本来以为她只会做小小的修正，结果是随后我们在一起工作了几百个小时，争辩、讨论、分享、欢笑，这一切让写作本身充满了幸福感。我特别要感谢肖恩·埃科尔、沃伦·班尼斯、约翰·伯曼、阿莱莎·卡米尔·贝特尔森、纳撒尼尔·布兰登、桑德拉、杰西卡·格雷泽、马格特、尤迪·艾拉宁、丽亚特、沙伊·费恩、德夫·弗希、肖恩·费茨–科伊、杰西卡·格雷泽、亚当·格兰特、理查德·哈克曼、奈特·哈里森、安妮·黄、奥哈德·卡米、乔·卡普兰、艾伦·朗格、马仁·劳、李帕德、布莱恩·李特、乔舒亚·马戈利斯、丹·马克尔、博尼·马斯兰德、萨莎·马图、杰米·米勒、米尼亚·莫德维安努、达米安·莫斯科维茨、罗恩·纳卡希、杰夫·佩罗特、约瑟芬·皮查尼克、塞缪尔·拉斯科夫、香农·林韦尔斯基、艾米尔和洛尼特·拉宾、菲利普·斯通、摩西·塔尔蒙和帕维尔·瓦西里耶夫。另外，要感谢我积极心理学系的教学人员和我的学生们，他们不但提供了许多想法，还让我收获了“幸福”这一终极财富。

无论是在闲谈时还是在工作中，来自太平洋石油公司的同事和朋友们都对本书内容做出了重要贡献。其中我要特别感谢伊丹·奥佛、休·亨格、萨姆·诺顿、阿尼尔·辛格、埃迪克·唐伊，以及帕特里克·李米。

我也很感激我的经纪人雷夫·萨加林，他的耐心、支持以及鼓励给了我莫大的帮助。也感谢我在麦克劳－希尔出版社的编辑约翰·埃尼，他从一开始就对我的作品非常支持，也让整个出版的过程成为一种享受。

我很幸运的是拥有一个亲密和谐的大家庭，他们为我营造了一个幸福的氛围。感谢本－沙哈斯、本－波雷特、摩西、格罗伯斯、科洛尼斯、马克斯、米尔斯和罗斯，我感谢他们与我过去相处的每一刻以及将要到来的每一刻，谈论并享受着快乐的生活。谢谢我的祖父祖母，他们经历了无数苦痛，却展现出了人性最闪亮的一面。

本书中大部分想法，来自我和弟弟、妹妹的谈话，他们都是极为出色、极富洞察力的心理学家。我的太太兼合作者塔米从一开始就耐心地倾听我的每一个粗浅的想法，并耐心细致地阅读和点评我的每一页书稿。我儿子戴维和女儿雪莉总是在我和太太讨论时耐心地坐在我腿上（他们不时地转头冲我微笑，提醒我什么是真正的幸福）。我的父母则给了我写这本书的原动力，更重要的是他们不断鼓励我坚持对幸福的追求。

译后记

2006 年 6 月，我意外得知，哈佛大学排名第一名的课程竟是一门心理学课程——“积极心理学”。哈佛大学排名第一的课程历来都是“经济学原理”，因为哈佛学生成就动机很强烈，选课一向只有一个标准——价值。而这次积极心理学这门幸福的科学竟然超越商业经典课程，成为哈佛大学“有史以来最受欢迎的一门课程”。看来，幸福的价值超越了财富的吸引力。

2007 年 1 月 20 日，哈佛大学“积极心理学”讲授者、“最受欢迎的人生导师”泰勒·本–沙哈尔博士终于来到北京。作为邀请者，当我与这位略显腼腆的博士有力握手时，一个念头闪过：一场关于“幸福”的浪潮即将来到中国。

古今中外，多少人为财富抛尽韶华，为英名耗尽青春，为权位苦煞人生……他们一路狂奔，无心领略风景，当奔至似乎本该充盈着“幸福”的终点时，却一脚踏入虚无与空洞……其实人生的终极财富无非是“幸福”——一种持久而稳定的满足感。可是，幸福在哪里？

从宗教到哲学，从柏拉图到孔子，无数先哲贤士试图对这一重大生命问题进行探索和解答。可是，幸福在哪里？

与此同时，泰勒博士的积极心理学课程在美国受到了大量媒体关注。美国公共电台（NPR）、美国有线电视新闻网（CNN）、哥伦比亚广播公司（CBS）、《纽约时报》、《波士顿环球报》等数十家媒体这样评价：

泰勒博士被哈佛学生誉为“人生导师”“最受欢迎的讲课者”；

泰勒博士曾是以色列壁球冠军，世界壁球种子选手，哈佛大学最优秀的学生之一，但他声称自己曾经“不幸福了 30 年”；

泰勒博士称积极心理学引领他找到了幸福的方法；

泰勒博士第一次讲课只有 8 个人选修，但第二个学期听课人数猛增至几百人，第三学期这门课便成了哈佛开课史上的奇迹。

上过这门课程的学生评价：这门课的奇妙之处在于，当学生们离开教室的时候，都迈着春天一样的脚步……

“积极心理学”打破了 100 多年来传统心理学只关注失败和障碍的旧模式，研究如何让人们活得更幸福。积极心理学告诉我们，幸福不再可望而不可即，幸福是一种可以通过练习培养的能力。因此，积极心理学也被称为“幸福的科学”。

之后，泰勒博士来中国讲课的消息被中央电视台《全球资讯排行榜》报道："哈佛大学排名第一的课程——积极心理学，这门幸福的科学进入中国，其讲授者首次在京开课。"

2007 年 4 月，泰勒博士第一次为中国高端企业家开设了 3 天的课程。那些企业家个个身经百战，充满智慧，思想深刻。没有人听说过"积极心理学"，以他们丰富的经历，他们怀疑一门心理学并不能告诉他们"幸福是什么"，怀疑一个看似年轻的西方心理学家并不能教他们"如何获得幸福"。一位拥有 3 家上市公司的总裁在临上课之前告诉我，他太忙了，准备退课。我请他"停下一直忙碌的脚步，把 3 天的时间留给自己的心灵，只有 3 天"。他狐疑地留下来。满额 30 人的班，只有 10 个人报名。

3 天课程开始，泰勒博士的第一句话是："你们不会从我这里学到新东西，我说的每一句话，你们都知道……我要做的只是提醒你们，用这些你们都知道的但忽略已久的真理，来真正改变你们的生活。"一天又一天，他用一贯平缓的方式娓娓道来……改变于无形与无声中悄然发生。课堂上，企业家们起初怀疑甚至不屑的表情放松了，抱在前胸的手臂也放了下来，垂下的双眸放出了光彩，他们为一个又一个看似简单的幸福问题而沉思，同时一遍又一遍认真地参与课堂练习……或许，他们第一次如此亲近"幸福"。

之后，那位本想弃课的总裁递给我一张纸条："子君，谢谢你'强迫'我听这门课，这是一次奇妙的心灵之旅！"他说："我带着怀疑的态度参加课程，但沙哈尔博士的教诲给了我非常大的冲击。我从来没有用这么简单的方法来审视自己，看清自己——如同凿掉了心灵上的顽石，让生命轻松地透气……”

时任《环球企业家》杂志董事总经事、慧谷家族创始人和首席执行官陈婷女士说：“上课前，我觉得自己身经百战，已是少有的积极和坚强，或许不太需要这门课程。但当天课程结束后，我 4 年来第一次流泪，而且是失声痛哭……一个人在世界上包装给别人看的东西太多，最难发现或最难面对的是自己的心灵……我现在感觉很轻松。当我接纳而不是抵抗自己的痛苦时，我便拥有了幸福……”

如果“痛苦”是一片黑暗，那么传统心理学便是在黑色的大海上艰难地寻找彼岸。如果“幸福”是一片明媚，那么积极心理学无疑是在阳光下滋养繁茂、让人们感受乐观、温暖和积极的力量！积极心理学使“幸福”从宗教和哲学的领域，被纳入科学的范畴进行研究和探讨。经过严格科学实验证明的方法和手段，使“幸福”这一模糊、个人化的主观感受，变得具有科学性、可操作性和可量化性。尤其近年来随着脑科学的发展，科学家们发现了大量跟幸福有关的神经科学证据，为积极心理学提供了基于脑科学的生理依据。这是人类的福祉。

2007 年 7 月，泰勒博士在中国再次举办幸福培训班，上课人数增至 20 人，学员全部是由第一期学员推荐的企业家。课后反馈结果表明，其课程满意度为 100%！

至本书问世时，我已经与泰勒博士合作 16 年，对积极心理学进行中国本土化研发。我和我的团队成员已在近百家中国各类企业，以及政府、学校等各种组织中讲授积极心理学——幸福的科学。

2010 年，清华大学经济管理学院为 MBA 学生开设了“积极心理学”课程，我已经连续 13 年担任讲课者。追求成功必须以痛苦为代价吗？当然不是！这些成就动机很强的清华 MBA 学生，在放眼世界的同时，开始学习关注自己的内心；在掌握经营管理技能的同时，开始学习管理内心，把握幸福感。我想，如果成功是一堆我们想要的金子，幸福的能力就是点金术，让人们在任何情况下，无论顺境还是逆境，都有能力过得更幸福、更成功。

是的，幸福是一种生产力。幸福的力量可以助力企业更加成功——这已是科学研究和实证的结论。

正如泰勒博士在本书中所说：“人类的终极目标只有一个——幸福！”为了找到幸福生活的实质和方法，积极心理学家与其他社会科学家、医学家、脑科学家一起，投入了巨大的时间和精力。研究结果表明，追求幸福具有简单可行的方法。“它们绝对可以帮助你活得更快乐、更充实。我知道它们是可行的，”泰勒博士在书中说，“因为它们已经深深地帮助了我。”

无论我们处于何种生活状态——遭遇不幸、经历变迁，或追求卓越、名利双收，这些人生经历中的困惑、求索或领悟，都让我们明白自己对生命负有一个重要责任——“让自己更幸福”。

幸福，是一种能力！幸福，你可以学会！

倪子君

清华大学社会科学学院社会心理服务研究中心管委会副主任

北京幸福公益基金会理事长